兔群发病防控技术问答

主 编

任东波 王 开

副主编

裴志花 文双云

编著者

任东波 王 开 裴志花 文双云
张 辉 从玉龙 黄大欣

金盾出版社

内 容 提 要

本书以问答的形式,对严重影响养兔生产的群发性疾病防控技术进行了概括与总结。内容包括:兔病防控基础知识,群发性传染病、寄生虫病、营养代谢病、中毒病以及普通病的防控技术。文字通俗易懂,技术实用先进,适合养兔场(户)管理、技术人员以及基层畜牧兽医工作者阅读参考。

图书在版编目(CIP)数据

兔群发病防控技术问答/任东波,王开主编. -- 北京 : 金盾出版社,2011.8

ISBN 978-7-5082-7073-9

Ⅰ.①兔… Ⅱ.①任… ②王… Ⅲ.①兔病—防治—问题解答 Ⅳ.①S858.291-44

中国版本图书馆 CIP 数据核字(2011)第 111549 号

金盾出版社出版、总发行

北京太平路 5 号(地铁万寿路站往南)
邮政编码:100036 电话:68214039 83219215
传真:68276683 网址:www.jdcbs.cn
封面印刷:北京凌奇印刷有限责任公司
正文印刷:北京军迪印刷有限责任公司
装订:北京军迪印刷有限责任公司
各地新华书店经销
开本:850×1168 1/32 印张:7 字数:165 千字
2011 年 8 月第 1 版第 1 次印刷
印数:1~8 000 册 定价:13.00 元

前　言

目前我国家兔的疾病种类有上百种之多,其中相当一部分疾病为群发性疾病。这类疾病的特点有:病原或病因一致,临床症状、剖检特征基本相似,群体发生等。其中包括传染性疾病、营养代谢病、中毒性疾病等。目前兔群发性疾病种类主要有兔瘟、巴氏杆菌病、魏氏梭菌病、波氏杆菌病、大肠杆菌病、饲料霉菌中毒等。

兔群发疾病是家兔养殖业的大敌。随着家兔产业规模化、集约化和工厂化程度的提高,其对饲养管理的技术提出了更高的要求,一旦在饲养管理的某个环节(如饲料、温度、空气洁净度、消毒、防疫等)出现了问题,就会发生家兔群发性疾病,如果治疗不及时,就会导致大批家兔死亡,给养兔场(户)带来重大损失,甚至是毁灭性的打击。针对这些群发性疾病进行科学防控,做到未雨绸缪,是养兔业可持续健康发展的根本保证。

为此,我们组织了多位专家,在查阅大量有关文献的基础上,并结合自身多年兔病临床工作经验,编写了《兔群发病防控技术问答》一书。本书以问答这种通俗易懂的形式,来阐述兔群发性疾病的种类、发生原因以及防控技术等。任何一个养兔场也不可避免发生疾病。在兔病治疗上,本书推荐"防重于治"、"治小病、弃大病"的原则,通过预防,实现"防病不见病,见病不治病"的最终目的,以达到利润最大化的目标。

希望通过阅读本书,广大养殖场(户)能获得一些"学得会、用得上"的兔病防治方法和经验,把危害我国养兔业健康发展和影响经济效益提高的隐患消灭在萌芽之中。

由于编者水平有限,书中难免有疏漏和不妥之处,恳请同行专家、广大读者批评指正。

编著者

2011 年 5 月于长春

目　　录

第一章 基础知识

1. 什么是兔群发性疾病?

家兔的疾病种类有百余种,但目前危害我国养兔业健康发展和影响经济效益提高的主要疾病类型是群发性疾病。顾名思义,群发性疾病就是指病原或病因一致,临床症状、剖检特征基本相似,群体发生的疾病总称。包括传染性疾病、营养代谢病、中毒性疾病及其他疾病等。目前,家兔的群发性疾病主要有兔瘟、大肠杆菌病、魏氏梭菌病、呼吸道疾病、毛癣菌病、饲料霉菌中毒等。对这些群发性疾病进行科学预防、准确诊断和有效治疗,是我国养兔业持续发展、获得高产、优质、高效兔产品的重要技术手段。

2. 养兔户在兔病防治中存在哪些误区?

随着养兔业的迅速发展,广大养殖者对疾病的危害有了充分的认识,因此对疫病的重视程度已经有了相当大的提高。但是在具体落实疫病防治环节当中还普遍存在一些问题,尤其是对于养兔业这样一个新兴的、非传统的养殖行业,集约化程度仍较低,一般养殖者都缺乏经验,往往存在科学观念淡薄的问题,在进行疫病防治时存在一些误区也就不可避免。

(1)重治轻防 这是养殖行业中普遍存在的问题。养兔者不是从杜绝疫病发生的角度出发,而仅是抱着出现疾病再治疗的态度。其弊端首先是简单的治疗并不能彻底清除疾病对兔场的危胁,使兔场陷入了不断治疗—复发的泥潭当中;其次,家兔是弱小动物,一旦发病,往往治疗效果较差,多数是劳民伤财,最终结果不是死亡,就是预后不良;再次,养兔行业不同于大家畜的饲养,家兔是一种单体经济价值低的动物,治疗当中药物的费用往往会超出其本身的价值,而对患兔采取淘汰处理,其安全性、经济性和实用性远比治疗意义大得多。

(2)不注意消毒液浓度 化学消毒药物主要是通过一定的化学成分在特定的浓度下破坏病原体的结构,从而将其消灭,一旦浓度发生改变(浓度变低),这种杀灭作用将会消失或削弱,不能达到彻底消灭病原体的目的。因此,严格按照药品的有效浓度配制消毒剂是消毒成败的关键。但是,这一点也正是许多养兔者所忽视的,他们往往在配制消毒液的时候对浓度多少没有一个准确的概念,进而导致消毒的失败。

(3)盲目套用免疫程序 有些兔场在疫病防治过程中死般硬套其他地区或兔场的免疫程序。这种做法是不科学的。免疫程序应当具有一定的针对性,既要考虑对家兔危害比较大的急性、烈性传染病,同时又要考虑本地区疫病的流行特点。因此,套用别人的免疫程序达不到理想的效果,必须合理地制定适合自己兔场的免疫方案。对于任何一个兔场来说,必须预防的疫病是兔瘟,对其他疫病(如巴氏杆菌病、波氏杆菌病、魏氏梭菌病、大肠杆菌病等)可酌情免疫。

(4)买药贪图便宜 药物质量是搞好疫病预防的前提,低廉有效的药物必然能够节约兔场的开支,增加经济效益。但许多养殖者为了节省开支,只注重药品的价格,专门购买廉价药物,却忽视了药品质量。由于目前兽药市场存在一定的监管漏洞,鱼龙混杂,伪劣兽药充斥,特别是一些兽药厂为了谋求利润,往往以低价位吸引养殖者,而其生产的药品有效成分极低,很难在预防和治疗当中取得良好效果,反而增加了养殖成本。

(5)滥用抗生素 抗生素是一类由某些微生物所产生的,具有特异性抑制或杀灭其他微生物作用的代谢产物。在饲料中添加一定量的抗生素后能够取得良好的促生长和防病效果。但是抗生素的使用从 20 世纪 60 年代开始就一直存在争论,主要集中在两个方面:一是病原菌的耐药性问题,特别是一些人兽共患病;二是抗生素在动物体内或动物产品中的药物残留问题。出于对人类健康安全考虑,世界各国对抗生素类药物的应用都有严格的限制。例如,欧盟规定从 2006 年起完全停止抗生素在动物饲料中的应用。目前我国兔业生产中滥用抗生素主要表现在:第一,使用淘汰或禁用的抗生素。第二,大剂量使用抗生素。尤其在治疗疾病时,使用量是常规用量的几倍甚至 10 倍以上。第三,盲目使用抗生素,没有针对性。"不管什么病,双抗(青霉素、链霉素)一起用",手头有什么就用什么。这样不仅难以控制疾病,有时还会耽误治疗的最佳时机。

3. 兔的捕捉、搬运的方法有哪些?

家兔虽然是小动物,性情温驯,但行动敏捷,被毛光滑,又具有防御的天性,胆小怕惊,遇到可能的危险会用牙齿和爪来防卫。在捕捉、搬运和保定诊治过程中,稍有不慎,会被兔抓伤或咬伤,操作方法不当还可能会对兔造成损伤。

(1)捕捉家兔的方法 疾病的诊断、治疗,母兔的发情鉴定及妊娠检查等,均需先捕捉。有些人捉兔习惯抓住两耳或后肢,这是错误的。抓住两耳或后肢会使兔挣扎或跳跃,容易损伤耳、腰、后肢,致使脑缺血或充血。对成年兔直接抓其腰部也不对,这样会损伤皮下组织或内脏,影响健康;有时会造成孕兔流产。正确的方法是:

对仔兔,因其个体小,体重轻,可以直接抓其背部皮肤,或围绕胸部大把松松抓起,切不可抓握太紧。

对幼兔,应悄悄接近,切不可突然接近,先用手抚摸,消除兔的恐惧感,静伏后大把连同两耳将颈肩部皮肤一起抓住,兔体平衡,不会挣扎(图 1-1)。

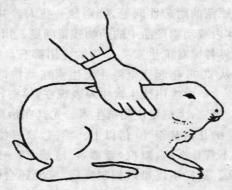

图 1-1　幼兔的捕捉

对成年兔,方法同幼兔,但由于成年兔体重大,操作者需两手配合。一手捕捉,一手托住兔臀部,以支持体重。

以上操作既不会伤害兔,也避免了兔抓伤人。

(2)兔的徒手搬运　以一手大把抓住两耳和颈肩部皮肤,虎口方向与兔头方向一致,将兔头置于另一手臂与身体之间,上臂与前臂呈 90°角夹住兔体,手置于兔的股后部,以支持兔的体重,搬运中应遮住兔眼,使兔既无不适感,又表现安定(图 1-2)。

4. 兔的保定方法有哪些?

(1)徒手保定法

①方法一　用一手将颈肩部皮肤连同两耳大把抓起,另一手抓住臀部皮肤和尾即可,并可使腹部向上(图 1-3)。适用于眼、

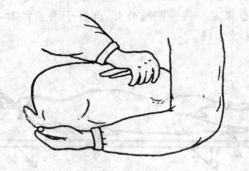

图 1-2 兔的徒手搬运

腹、乳房、四肢等疾病的诊治。

图 1-3 兔的徒手保定

②方法二 同幼兔、成年兔搬运时的捉兔方法,不同的是将兔的口、鼻从臂部露出。适用于口、鼻的采样。

(2)器械保定法

①包布保定 用边长 1 米的正方形或正三角形包布,其中一角缝上两根 30～40 厘米长的带子,把包布展开,将兔置于包布中心,把包布折起,包裹兔体,露出兔耳及头部,最后用带子围绕兔体并打结固定。适用于耳静脉注射、经口给药或胃管灌药。

②手术台保定　将兔四肢分开,仰卧于手术台上,然后分别固定头和四肢(图1-4)。

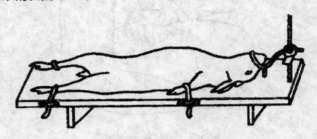

图1-4　兔的手术台保定

市售有定型的小动物手术台。适用于兔的阉割术、乳房疾病治疗及腹部手术等。

③保定筒、保定箱保定　保定筒分筒身和前套两个部分,将兔从筒身后部塞入,当兔头在筒身前部缺口处露出时,迅速抓住两耳,随即将前套推进筒身,两者合拢卡住兔颈(图1-5)。保定箱分箱体和箱盖两部分,箱盖上挖有一个半圆形缺口,将兔放入箱内,拉出兔头,盖上箱盖,使兔头卡在箱外。适用于治疗头部疾病、耳静脉注射及内服药物。

(3)化学保定法　主要是应用镇静剂和肌肉松弛剂,如静松灵、戊巴比妥钠等使肉兔安静,无力挣扎。

5. 兔的给药方法有哪些?

给药的途径不同,不仅影响其作用的快慢和强弱,有时甚至改变药物的基本作用。如内服硫酸镁产生泻下作用,而静脉注射则有镇静、抗惊厥等功效。药物的性质不同,也需要不同的给药方式,如油类制剂不能静脉内注射,氯化钙等强刺激剂只能静脉注射,而不

图 1-5 肉兔保定筒保定及耳静脉注射

能肌内注射,否则会引起局部发炎坏死。所以,临床诊疗中应根据病情的需要、药物的性质、兔的大小等选择适当的给药途径。

(1)内服给药 此法操作简单,使用方便,适用于多种药物,尤其是治疗消化道疾病。缺点是药物易受胃、肠内环境的影响,药量不易掌握,显效慢,吸收不完全。

①自行采食法 适用于毒性小、无不良气味的药物,兔尚有食欲,多用于大群预防性给药或驱虫。依药物的稳定性和可溶性,按一定比例添加到饲料或饮水中,任兔自行采食或饮用。大群用药前,最好先做小批的毒性及药效试验。

②投服法 适用于药量小、有异味的片、丸剂药物,或者已废食的病兔。由助手保定病兔,操作者一手固定兔头部并捏住兔面颊,使其张开口,用弯头止血钳、镊子或筷子夹取药片(丸),送入咽部,让兔吞下。

③灌服法 适用于有异味的药物或已废食的病兔。把药碾细加少量水调匀,用汤匙倒执(以柄代勺插入口角)或用注射器、滴管吸取药液从口角徐徐灌入。应注意,不要将药物误灌入气管内,造成异物性肺炎。

④胃管投药 对一些有异味、毒性较大的药物或已废食的肉

兔可采用此法。用开口器（木或竹制,长 10 厘米,宽 1.8～2.2 厘米,厚 0.5 厘米,正中开一比胃管稍大的小圆孔),将橡胶管、塑料管或人用导尿管涂上润滑油或肥皂,助手保定肉兔,固定好头部。投药者将胃管沿上腭后壁徐徐送入食管,连接漏斗或注射器即可投药(图 1-6)。成年兔由口到胃深约 20 厘米。切不可将药投入肺内,当胃管抵达会咽部时,兔有吞咽动作,趁其吞咽时送下胃管。插入正确时,胃管吹得动、吸得住;误插入气管时,兔咳嗽,胃管吹得动,而吸不住,胃管外端浸入盛水杯中出现气泡。投药完毕,徐徐拔出胃管,取下开口器。

图 1-6　肉兔胃管投药法

（2）**直肠给药**　当发生便秘、毛球病等,有时内服给药效果不好,可用直肠内灌注法。药液应加热至接近体温。将兔侧卧保定,后躯稍高,用涂有润滑油的橡胶管或塑料管,经肛门插入直肠 8～10 厘米深,然后用注射器注入药液,捏住肛门,停留 5～10 分钟,然后放开,让其自由排便。

（3）**注射给药**　此法吸收快、奏效快、药量准、安全、节省药物,但须注意药物质量及严格消毒。

①皮下注射 选在颈部、肩前、腋下、股内侧或腹下皮肤薄、松弛、易移动的部位。局部剪毛，用70%酒精棉球或2%碘酊棉球消毒，左手拇指、食指和中指捏起皮肤呈三角形，右手如执笔状持注射器于三角形基部垂直于皮肤迅速刺入针头，放开皮肤，不见回血后注药。注射完毕拔出针头，用酒精棉球压迫针孔片刻，防止药液流出。注射正确可见局部鼓起。皮下注射主要用于防疫注射。

②肌内注射 选择肌肉丰满处，通常为臀肌和大腿部。局部剪毛消毒后，针头垂直于皮肤迅速刺入一定深度，回抽无回血后，缓缓注药。注意不要损伤大的血管、神经和骨骼。肌内注射适用于多种药物，油剂、混悬剂、水剂均可用此法。但强刺激剂，如氯化钙等不能肌内注射。

③静脉注射 多取耳外缘静脉，由助手保定兔，确实固定头部。剪毛消毒术部（毛短的可不剪毛），左手拇指与无名指及小指相对，捏住耳尖部，以食指和中指夹住，压迫静脉向心端，使其充血怒张。静脉不明显时，可用手指弹击耳壳数下，或用酒精棉球反复涂擦刺激静脉处皮肤。针头以15°角刺入血管，而后使针头与血管平行向血管内送入适当深度，回抽见血、推药无阻力、皮肤不隆起为刺针正确，之后缓慢注药。注射完毕拔出针头，以酒精棉球压迫片刻，防止出血。第一次刺针应先从耳尖部开始，以免影响以后刺针。油类药物不能静脉注射。要排净注射器内空气，以免引起血管栓塞，造成死亡。注射钙剂要缓慢。药量多时要加温。多用于补液。

④腹腔内注射 选在脐后部腹底壁，偏腹中线左侧3毫米。剪毛消毒后，使兔后躯抬高，对着脊柱方向刺针，回抽活塞，如无气体、液体及血液后注药。刺针不应过深，以免损伤内脏。如怀疑有肝、肾或脾肿大时，要特别小心。当兔胃和膀胱空虚时，进行腹腔注射比较适宜。药液应加热与体温同高。可用于补液（当静脉内

注射困难或心力衰竭时)。

⑤气管内注射　在颈上 1/3 下界正中线上。剪毛消毒后,垂直进针,刺入气管后阻力消失,回抽有气体,然后慢慢注药。用于治疗气管、肺部疾病及肺部驱虫等。药液应加温,每次用药的剂量不宜过多。药液应为可溶性并容易吸收的。

(4)外用给药　主要用于体表消毒和杀灭体表寄生虫。外用给药应防止经体表吸收引起中毒。尤其大面积用药时,应特别注意药物的毒性、用量、浓度和作用时间,必要时可分片分次用药。

①点眼　结膜炎时可将治疗药物滴入眼结膜囊内,眼球检查有时也需要点眼。操作时,用手指将下眼睑内角处捏起,滴药液于眼睑与眼球间的结膜囊内,每次滴入 2~3 滴,每隔 2~4 小时滴 1次。如为膏剂,则将药物挤入结膜囊内。药物滴入(挤入)结膜囊后,稍活动一下眼睑,不要立即松开手指,以防药物被挤出。

②洗涤　将药物配成适当浓度的水溶液,清洗眼结膜、鼻腔及口腔等部的黏膜、污染物或感染创的创面等。常用的有生理盐水、0.3%~1.0%过氧化氢溶液(双氧水)、0.1%新洁尔灭溶液、0.1%高锰酸钾溶液等。

③涂擦　将药物制成膏剂或液剂,涂擦于局部皮肤、黏膜或创面上。主要用于局部感染和疥癣等的治疗。

④药浴　将药物配制成适宜浓度溶液或混悬液,对兔进行洗浴。要掌握好时间,时间短效果不佳,时间过长易引起中毒。主要用于杀灭体表寄生虫。

6. 在日常管理中应掌握兔的哪些习性?

(1)兔的生活习性　夜行性——昼伏夜行,夜间采食占全天的 75%;嗜睡性——白天很容易进入睡眠状态;胆小怕惊——天性使然;喜清洁、爱干燥——干燥有利于生长,潮湿易患病;群居性——

有群居性但很差,成年兔需单独饲养;啮齿行为——磨牙;穴居性——本能。

(2)兔的消化特点 草食性——单胃草食,以植物饲料为主,盲肠发达;喜欢吃粒状的料;喜欢采食含植物油的食物;喜欢甜味的食物;有食粪行为——补充维生素 B、维生素 K;粗纤维在饲料中的含量低于 6%～8% 就会引起腹泻;肠壁较薄,在肠道发生炎症时,消化道壁即成为可渗透性的,常引起自体中毒死亡。

(3)家兔的繁殖特性 有较强的繁殖力;属于刺激性排卵;发情周期没有规律性;胚胎在附植前后的损失率高;假妊娠的比例高;是双子宫动物;卵子大;有 4 对皮脂腺与生殖有关。

(4)呼吸和体温调节特点 家兔是恒温动物,这种恒定是通过依赖自身产热和散热两个对立过程的动态平衡来实现的,散热主要靠体表、呼吸、饮冷水、排泄来完成,呼吸频率受环境温度所影响。

成年兔的生理体温为 $38.5℃～39.5℃$,成年兔的临界温度为 $5℃～30℃$,最适宜的温度为 $15℃～25℃$。转群幼兔的适宜温度为 $18℃～21℃$,出生仔兔的适宜温度为 $30℃～32℃$。

(5)家兔的生长特点 家兔在胚胎期的生长以妊娠后期为最快,且不受性别的影响,但受胎儿数量、母体营养水平、胎儿在母体子宫的排列位置的影响。

仔兔出生后 3 天长被毛,4 天前肢 5 趾分开,8 天后肢 5 趾分开,6～8 天开耳,10～12 天睁眼,18～21 天左右吃料,30 天被毛基本形成。

仔兔断奶前的生长速度取决于母兔的泌乳力和同窝仔兔数量。断奶后的生长速度取决于饲养管理的好坏。

断奶后的幼兔的生长高峰期是在 8 周龄,8 周龄至性成熟期间母兔的生长速度明显比公兔快,并且在同等条件下育成的速度母兔也比公兔快。

7. 规模化兔场经营的要点有哪些?

(1)预防为主,优化兔群 传统养兔重治疗轻预防,往往把兔场办成兔的治疗院。为了改变这种情况,建议以下 5 种情况不要进行治疗:①无法治愈的病兔不治。②治疗费用高的不治。③费时费工的不治。④治愈后经济价值不高的不治。⑤传染性强、危害性大的病兔不治。实践证明,兔场实行"五不治"工作之后,技术人员并非无事可干了,而是责任更重要了,技术人员要深入兔舍开展防疫检疫工作。对场内的每只兔的健康情况都要了如指掌,一旦发现病兔要及时做出准确的诊断,果断地进行处理,该杀的就杀,该治的就治,将疫病扼杀在萌芽之中。此外,兔子得病和气候有一定关系,但饲料的关系更大,尤其是霉菌毒素引起兔的疾病,应引起足够的重视。

(2)科学免疫,规范操作 当前兔的传染病种类很多,疫苗的品种也不少,一只兔从小到大不时要打防疫针。然而,经过免疫接种的兔子,并不等于已进入健康保险箱了。这是因为:任何一种疫苗由于种种因素都不可能使兔子获得 100% 的保护率。疫苗的免疫原性和质量与免疫的效果有密切的关系。影响兔体产生免疫力的因素很多,如兔的体质、环境的应激等。

免疫接种要做到:①要有计划。②要制订出适合当地与本场兔群使用的免疫程序。③免疫接种工作要有操作规程,按规范化的要求,接种前要检查兔的健康情况,接种器械要消毒,做到不漏种、不多种、不少种,接种后要检查兔的健康情况。

(3)精细管理,以人为本 兔子的生长速度和兔子的成活率二者是不可能兼得的,规模化兔场在管理中要以人为本。兔是要人来养的,首先要将人的积极性,主动性发挥出来,才能把兔养好。随着兔病的不断变化,以及新兔病的出现,兔场的兽医科技术人员仅凭原有的知识和传统的经验，不能满足现代养兔的要求，要不断提高自己的业务水平，做到与时俱进。

8.兔场场址选择上应考虑哪些问题？

兔场场址的选择，应从多方面加以认真考虑。一般除应注意足够的饲料基地外，还应对地势、水源、土质、位置，以及居民点的配置、交通、电力、物资供应、防疫等条件进行全面考虑。

(1)地势 兔场的场地应选择地势高而干燥、平坦、有适当坡度的地方，要向阳背风，例如面朝南或面南的山边，地下水位低，排水良好。

地势要背风向阳，以减少冬春季风雪侵袭，保持兔场相对稳定的温热环境。要避开产生空气涡流的山沟和谷地。

兔场地面要平坦或稍有坡度，以便排水。地面坡度以 1%～3%较好。

地形要开阔、整齐和紧凑，不宜过于狭长和边角过多，以便缩短道路和管线长度，节约投资和便于管理。要充分利用自然地形地物，如林带、山岭、河川、沟壑等，作为场界和天然屏障。

兔场占地面积，要根据家兔的生产方向、饲养规模、饲养管理方式和集约化程度等因素确定。在设计时，既应考虑满足生产，节约用地，又要为今后发展留有余地。

(2)水源 兔场附近必须有水量充足、水质良好的水源。以供给家兔的饮水、饲养管理和清洁卫生用水、饲料种植以及生活用水。因此，在选择兔场时，对水源的水量和水质都应重视。要求水质清洁无异味。不含有毒物质和过量的无机盐。水源还应便于防护，取用方便，无污染等。此外，在选择场址时，还要调查是否有因水质不良而出现过某些地方性疾病等。最好的水源是泉水、溪涧水或城市中的自来水，其次是江河中流动的活水，再次是池塘水。

（3）位置　应选择交通比较方便的地方，但不能紧靠公路、铁路、屠宰场、牲畜市场、畜产品加工厂及牲畜来往频繁的道路、港口或车站。离交通主干线的距离应不少于 200 米，距离一般道路不少于 100 米。兔场场址不能与居民点混在一起，中间应有一定的卫生间隔，这对居民点的环境卫生和家兔的卫生防疫工作都有很大的好处。各地实践证明：要选择完全合乎理想的场址是较困难的，但应掌握基本原则，因地制宜，对场地进行适当改造，使其合乎要求。

9. 兔舍建筑有哪些基本要求？

兔舍是家兔生活的场所，应具备防寒暑、避风雨、防天敌的基本条件。虽然家兔对兔舍的要求比较简单，只要兔舍通风、干爽、清洁、水源方便，地处阴凉就行。良好的兔舍应该能保证家兔健康，并对其生长、发育、生产力和繁殖力产生良好的影响。为此，建筑一座舍内干燥、明亮、温度适宜、通风状况良好的兔舍，是进一步提高和发展养兔生产的重要环节。

（1）因地制宜，就地取材　①根据当地条件，做到因地制宜，就地取材，经济耐久，科学实用。②在兔舍的设计上要符合家兔的生活习性，有利于兔群的生长发育和毛皮品质的提高；有利于积肥；有利于防止疾病传播；便于饲养管理和清洁卫生，有利于提高饲管人员的工作效率；有利于实现机械化。③家兔有打洞的习性，关在笼里或放在舍内饲养时，常有啃咬竹木的习惯。因此，选择的材料要坚固耐用，防止家兔啃咬损坏；在建筑上应有防止家兔打洞逃跑的措施（采用水泥地面）。

（2）兔舍要向阳，地势干燥，排水良好　由于家兔怕热、怕湿、怕脏、怕兽害，加上体小力弱，抗病力差，因此在兔舍的建筑上要有能防雨、防潮、防风、防寒、防暑和防兽害（狗、猫、鼠等）的设施。要求舍内干燥，空气流通，光线充足，冬暖夏凉，冬季易于保温，夏季易于通风。兔子汗腺不很发达,特别是毛用兔,体表毛长而多,不易散热,在高温高湿的地区,尤其要注意兔舍内小气候的调节。

①温度 一般兔舍内的笼温,初生仔兔为 30℃～32℃,成年兔为 15℃～20℃,不要低于 10℃或高于 25℃。

②湿度 空气相对湿度以 60%～65% 为适宜。

③光照 其作用在养兔业中非常重要。据研究证明:兔舍内每天光照 16 小时,可使母兔获得最好的生殖性能,而且在全年中有规律地进行生殖。公兔似乎喜欢较短的光照时间,但每天光照 16 小时并不会降低其生产性能。如用人工光照,繁殖兔每天需要光照 14～16 小时,且要求光线平均分布。

④排水要求 在兔舍内设置排水系统,对保持舍内清洁、干燥和应有的卫生条件,均有重要的意义。排水系统由排水沟、排水管、关闭器及粪水池所组成。

(3)通风良好,冬暖夏凉 通风是养兔生产中一项重要措施。由于兔舍内兔群高度密集,呼出的气体和排出的粪便很快就会污染周围环境的空气,而不利于兔的健康。通风可更新兔舍内的空气,排除舍内过多的水分,保持舍内适宜的湿度;能排出过多的热量,保持室内适宜的温度;能排除过多的有害气体如二氧化碳、氨、硫化氢等,供给家兔新鲜的空气。因此,要养好兔,在兔舍建筑上必须加强通风的设施。

我国各地兔场多采用自然通风法。舍内通风主要靠打开门窗或修建开放式或半开放式兔舍,或通过墙壁、房盖等建筑结构中的缝隙进行自然通风。

(4)兔舍结构经久耐用

①兔舍的形式、结构、面积、内部布置 必须符合不同类型和不同用途家兔的饲养管理和防疫卫生要求。

②墙壁 要具有保持舍内一定温度、防止风寒侵入以及承受屋顶重量的作用。具体要求是:保持舍内适合的温、湿度及光照,

坚固耐用,耐火,造价低,表面平滑,易除污垢,容易消毒。

③地面 要致密、坚实、平整、无裂缝,防潮、保温(导热相小);有一定坡度,并高于舍外地面 20～25 厘米,以防脏水及地面水流入兔舍内;不硬不滑,有一定弹性。

④屋顶 用于防雨、雪侵袭,也具有一定保温作用。具体要求是:完全不透水,有一定坡度,排水良好,能耐火,结构简单,材料较轻、耐久、造价低。

⑤门窗 用来采光和通风。一般来讲,窗的面积愈大舍内的光照愈强。透光度愈大则光照度愈好;窗户升高,则光线的入角增大,可提高兔舍内部温度。一般兔舍窗户的采光面积占地面的 15%,射入角不低于 $25°～30°$。

兔舍门要求结实,保温,能防兽害,还要有利于家兔出入而不会发生意外,能保证生产过程的顺利进行和实现生产过程机械化的可能,便于饲料和粪车的往来。需要特别注意的是兔舍的所有门窗,均需要安装防兽害的装备,以防狗、猫、鼠等兽类进入。

10. 规模化养兔场卫生防疫标准有哪些?

(1)门卫、更衣室卫生标准 设立人员和车辆专用消毒通道。入场喷淋消毒设施齐全,并能按要求使用,消毒剂用量合理。车辆消毒池干净无杂物,消毒剂用 2% 火碱每周更换 2 次。大门周围无杂草、无杂物。大门不得随意敞开,必须时刻保持严闭。养殖场实行封闭式管理,外来人员不得随意入内,入内人员必须按防疫要求严格更衣消毒后方可出入。入场登记必须如实填写,填写规范、公正。

(2)办公室、宿舍、兽医室卫生标准 办公室、兽医室内文件柜、茶几、沙发等摆放整齐,不得有与办公无关的杂物。门窗必须定期清理,保持清洁明亮,玻璃无破碎。墙面除地图、钟表、制度牌、文件夹、电话表、值班表外不得贴其他纸张。地面无积水、尘土、烟头、纸屑等。床铺被褥摆放整齐、干净。宿舍内不得使用电暖器、电炉子等其他电器。室内线路、插座必须安全可靠,不得私拉乱扯。床下物品摆放整齐。

(3)伙房卫生标准 伙房内无苍蝇、蚊虫,有防蝇、防鼠措施。水池干净、无杂物,锅台无油污,器具干净、清洁、摆放整齐。米、面摆放保管得当。伙房工作人员着装整齐、干净。不得发生食物中毒现象。

(4)仓库卫生标准 物品、药品分类摆放整齐,管理合理;物品、药品包装完整;散装包装合理。物品、药品标志清楚、无误。物品、药品库存合理。物品、疫苗无过期。

(5)生产区环境卫生标准 生产区净区、污区分明,净、污道不交叉。环境整洁。物品、工具定点摆放,码放整齐。不得随意摆放、丢弃。路面无杂物、干净、卫生。道路两侧地面平整洁净,无杂草、兔毛、稻草、污物等。兔舍周围草坪不高于 30 厘米,草地内无垃圾、杂物、兔毛、料袋等。墙皮保持完整、清洁,无乱贴乱画。厕所整洁卫生,地面无杂物、污水,便池无污垢,大便后随时用水冲刷或用石灰粉、灰粉等覆盖,不得有裸露的粪便。水沟清洁、卫生,排水顺畅,不积水,无杂物。围墙、隔网严密,能防止野生动物进入。场区无可见的鼠洞,挡鼠板安装严密、整齐。废弃物定点存放,摆放整齐,每天随时回收、处理。污染物不得裸放。需要放置的应经过清洗消毒处理。粪便、垫料、病死兔只等任何时候都不得裸放,用密闭容器存放。粪污区清洁卫生,无杂物、粪渣、兔毛、稻草、纸壳等,保持喷洒的石灰水新鲜度在 1 周以内。生产区环境卫生落实到人。标志牌整齐明显。

(6)空栏兔舍卫生标准 外部经过冲洗、消毒,涂刷了石灰水等消毒液,清洁卫生,无污物。房顶、墙壁完好,无缝隙、鼠洞、鸟类洞巢,防蝇网无破损。兔舍入口、出口及其周围环境清洁卫生,无垃圾、杂草,工具摆放整齐。禁止栽种有异味及须经常施药除虫的花草。门窗通风口完整、严密,开闭自如,清洁卫生。舍内洁净卫生、空气新鲜,采光度好,防止太阳直射。天棚及墙壁经过清洗消毒,干净卫生,无灰尘、蛛网、绒毛,无破洞、鼠洞,防蝇网完整。管理间清洁卫生,地面干燥、无污水,无污物,工具用品摆放整齐。地面及排水沟冲洗、消毒彻底,无兔粪、垫料、兔毛,无污水积存。笼具经过清洗消毒,干净卫生,无灰尘,无破损,笼门严密可靠。所有设备经过清洗、消毒,内、外洁净无污物,保养得当,无故障,试运行正常。兔舍按消毒程序完成第二次火焰消毒、自然干燥后,通过到场组织的第一次检查验收,达到合格标准。进行过甲醛熏蒸消毒,密闭 48 小时以上。所有的清洗消毒工作完成后,兔舍空闲 5 天以上。使用前通过第二次检查验收和现场卫生评估,对舍内空气、天棚、地面、墙壁、设备表面、垫料进行细菌指数检测,达到合格标准。

(7)使用兔舍卫生标准

①兔舍周围环境卫生标准　兔舍周围半径 10 米内(以划定的范围为准)清洁卫生,地面干净,无杂物、灰尘、兔毛绒毛、稻草、兔粪。入口脚踏消毒池(垫)、消毒剂、水管齐全有效,消毒池(垫)内消毒液保持新鲜度在 1 天以内。兔舍门窗完整,开闭自如,封闭严密。表面清洁,无手印、油迹等痕迹。工具齐全、好用、清洁,摆放整齐。兔舍周围的土质地面全部绿化。兔舍间种草坪、低矮植被或自然草地,高度不超过 30 厘米。

②管理间卫生标准　工具摆设整齐、整洁,办公桌上物品摆放有序。设备清洁卫生,管道表面无灰尘、绒毛。饲料存放处清洁卫生,饲料整齐摆放在垫木或竹排之上,地面无撒落饲料。配电盘整洁完好无损,无灰尘、绒毛、杂物。煤炭堆放整洁,煤渣及时运出。

③兔舍内卫生标准　走廊地面干净,无稻草、兔毛、杂物。笼具无灰尘,无残缺、损坏、尖锐铁丝头,竹排光滑不刺手。墙皮及顶棚无破损、无灰尘,烟道表面无灰尘堆积。料盒摆放整齐均匀,高度合理一致,表面无灰尘及发霉料渣。饮水线每天要正确冲刷,高

度合理,不溢水,水嘴整洁,无堵嘴现象,表面清洁。百叶窗风机完整无损,启闭自如,保持清洁。灯罩、灯线、灯泡无灰尘,无损坏,保持工作正常、安全光照。笼窝内外干净整洁,无粪污、灰尘,垫料保持3~5厘米。竹排铺放平整,空隙合理,无缺损,无大块兔粪。地沟内保持较低湿度,每周按消毒程序消毒。舍内空气清新,无刺激性气味。保持一定的湿度,空气中无粉尘飞扬。兔舍内、管理间空气和设施细菌检测达到合格标准。

(8)解剖间卫生标准 解剖台干净、整洁,解剖工具摆放整齐。污物桶清理及时。消毒器具配备齐全焚烧炉正常使用。

(9)厕所卫生标准 手纸无堆积,地面干净、整洁、无积水。小便池无存积液。厕所地面、墙无蛆。

(10)变压配发电室卫生标准 设备无尘土。室内不得有杂物。标志清楚。高压线下不得植树,不得有杂物。室内通风良好。发电机不得有漏水、漏油现象,地面机器无油污。各项仪表工作正常。必须按规定设置保护设施。灭火器能正常使用。

11. 规模化兔场对环境控制有哪些要求?

各舍饲养员实行定岗制度,严禁串舍,工具一舍一用,定期消毒。严格执行防疫制度,按计划注射有效疫苗,对废旧疫苗做到有效回收和销毁。对粪便通道进行防渗处理,设立粪便发酵池,发酵14~30天后用密封罐车运走作生物肥处理。

对雨水、污水作分道处理,污水通道作防渗处理,设立二级沉淀池,加入2%火碱沉淀3小时后无害化排出。设立病兔隔离观察室,对病兔及时挑出隔离,单独治疗,控制传染病的发生。设立无害化处理间,对病死兔进行无害化处理。建立以动保为中心的用药指导体系,开展球虫卵检测和药敏试验。

在现在的兔场中,腹泻问题一直困扰着养殖业者,环境的消毒变得更加重要。此外,饲料中蛋白质含量与兔子腹泻有一定关系。例如,菊花粕是东北、内蒙古、新疆等地种植的万寿菊的花经过提取天色素后的剩余物。该产品是菊花干燥后,用溶剂提取法将其中脂肪及色素提取,再粉碎而成,呈绿色或淡黄色,带纤维状,其性质与苜蓿草粉类似。蛋白质含量12%左右,灰分含量约8%,水分含量14%左右,菊花粕本属色素饲料,可改善动物的皮肤颜色以及蛋壳的颜色,并含有丰富的维生素C、B族维生素等各种维生素,其适口性好,具有显著的清热祛火,提高免疫力的中药功能,并能补充饲料中维生素A的不足。但一些养兔场把菊花粉当做粗饲料,在饲料中添加的比例达30%,导致兔大量腹泻。实际生产中,菊花粉的添加量宜在10%以内,不要添加得太多。

12. 集约化养兔场如何进行通风管理?

(1)家兔对通风环境的反应和需要 见表1-1。

表1-1 集约化兔场通风要求

目　的	标　准	方　法	备　注
通　风	氨<5毫克/千克 二氧化碳<0.15%	正压或负压机械通风	0.8米³/千克(活重) 3～4米³/时·千克(活重),通风还能排除兔舍的有害气体和尘埃等,有效减少各种呼吸道疾病的发病率。值得注意的是,人感觉不到的气流,如垂直流向兔体等,特别是贼风,对兔体有一定的危害。通风要均匀,舍内无死角,通风口不要直接对着兔子
风　速	夏:气流速度<0.4米/秒 冬:气流速度<0.1米/秒	合理设置进风口和出风口	

续表 1-1

目　的	标　准	方　法	备　注
温　度	临界温度 15℃～25℃ 出生仔兔 30℃～32℃（窝温）	冬季：人工供暖 夏季：人工降温（水帘或喷雾）	屋顶、侧墙要隔热。温度对肉兔的生长发育、性成熟、繁殖力、肥育性能及饲料利用等都有影响
湿　度	60%～65%	人工控制	高温高湿、低温高湿对肉兔都有不良影响。一般不应低于 55% 或高于 70%

(2)通风方式

①自然通风　条件：必须是舍外温度等同或低于舍内温度5℃～8℃；通风或换气靠手动或自动风口来调节，也可开窗。缺点：当舍外温度过低时，冷空气直接落到舍内地面，造成兔只受寒；舍外温度过高时，过热空气吹进兔舍造成热紧迫。

②机械通风（强制性通风）

A.横向通风系统或最低通风系统　横向通风即侧风机（位于南墙）通风，一般适用于冬季通风。通风方向见图1-7。

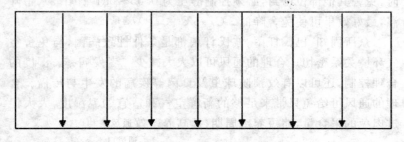

图 1-7　兔场横向通风

横向通风系统必须保证适当的负压(0.0271～0.0339 千帕)和进风口。有了适当的负压才能使空气以同样的速度经过所有进风口。这就需要兔舍良好的密封性,风口一般在 5～18 厘米。防止冷空气直接吹到地面(进风口的合理调节,对通风系统至关重要)。

B. 纵向通风 纵向通风即纵风机(位于一侧山墙)通风,一般适用于夏季通风。通风方向见图 1-8。

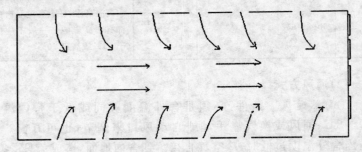

图 1-8 兔场纵向通风

纵向通风主要用于兔舍降温,用于降温时,启动的风机不得少于所有安装纵风机的一半,坚持并维持适当的通风量。湿帘降温时,兔舍其他部位密封,必须控制静压为 0.05～0.1 千帕。水帘降温,最好效果可使兔舍降低 3℃～5℃。

众所周知,巴氏杆菌、波氏杆菌都是条件性致病菌,与兔舍空气环境关系密切。合理的通风可以大大减少二者发病率。湿度的合理控制,还可以有效预防球虫及真菌等疾病的发生与传播。合理的通风可给兔只带来足够的新鲜空气和适宜的温湿度,大大促进肉兔的采食量,缩短养殖周期,提高养殖效益。

13. 常用的消毒方法有哪些?

(1) 高温消毒　高温对细菌有明显的致死作用。主要是利用高温使菌体蛋白质变性或凝固,酶失去活性,从而使细菌死亡。实践中,据此原理设计的高温消毒和灭菌方法有:

①干热灭菌法　包括火焰灭菌与热空气灭菌法。

A. 热空气灭菌法　在干热灭菌器中进行,160℃维持 2 小时,可杀死一切微生物,包括芽胞。主要用于干燥的玻璃器皿如试管、吸管、烧瓶、离心管、玻璃注射器、培养皿以及瓷器等的灭菌。

B. 火焰灭菌法　直接用火焰杀死微生物,主要用于接种环、接种针和试管口的灭菌,或焚烧垫草、病料及传染病病兔的尸体等。

②湿热灭菌法　较干热灭菌更易见效。这是因为湿热比干热容易使蛋白质凝固,且穿透力强。

A. 煮沸法　煮沸 10 分钟,能杀死一切细菌的繁殖体。若水中加入 2%～5%的苯酚,则 10～15 分钟可破坏芽胞。可用于饮水和外科手术常用器械(刀剪、注射器等)的消毒。

B. 流通蒸汽灭菌法　此法是利用蒸笼或流通蒸汽灭菌器进行灭菌。100℃维持 15～30 分钟,可杀死细菌繁殖体。将待灭菌的物品置于流通蒸汽灭菌器内,加热 15～30 分钟,杀死其中的繁殖体;然后置 37℃温箱中 24 小时,使芽胞发育成繁殖体,次日再通过流通蒸汽加热。如此连续 3 次,可将所有繁殖体、芽胞都杀死。适用于不耐高温(＞100℃)的营养物(如某些培养基)的灭菌。

C. 高压蒸汽灭菌法　为杀菌效果最好的灭菌法,在高压蒸汽灭菌器内进行。通过加大灭菌器内的蒸汽压力,以提高温度,在短时间内,达到灭菌的目的。通常使温度达 121.3℃,维持 15～30

分钟,可杀死所有繁殖体与芽胞。适用于耐高热的物品,如普通培养基、生理盐水、敷料、玻璃器皿、手术器械、注射液、手术衣及橡皮手套等。

(2)干燥 多数细菌的繁殖体在空气中干燥时很快死亡,如脑膜炎双球菌、淋球菌、霍乱弧菌、梅毒螺旋体等。有些细菌抗干燥力较强,尤其有蛋白质等物质保护时。例如,溶血性链球菌在尘埃中存活 25 天,结核杆菌在干痰中数月不死。芽胞抵抗力更强,如炭疽杆菌耐干燥 20 余年。

(3)日光和紫外线照射 日光是有效的天然杀菌法,对大多数微生物均有损害作用,直射杀菌效果尤佳。细菌在直射日光下照射 0.5～1 小时即可死亡。但光线效应受很多因素影响,如烟尘笼罩的空气、玻璃及有机物等都能减弱日光的杀菌力。实践中,日光对被污染的土壤、牧场、畜舍及用具等的消毒具有重要意义。

紫外线的杀伤效果与诱变能力与其波长密切相关。紫外线杀菌范围为 240～280 纳米,最适的波长为 260 纳米。紫外线的穿透能力弱,不能通过普通玻璃、尘埃,只能用于消毒物体表面及空气、手术室、无菌操作实验室及烧伤病房,亦可用于不耐热物品的表面消毒。杀菌波长的紫外线对人体皮肤、眼睛均有损伤作用,使用时应注意防护。

(4)化学药物消毒 各种化学药物能影响细菌的化学组成、物理结构和生理活动,已广泛用于消毒、防腐及治疗疾病。用于杀灭体外病原微生物的化学药物称为消毒剂;用于抑制微生物生长繁殖的化学药物称为防腐剂或抑菌剂,消毒剂在低浓度时只能抑菌,而防腐剂在高浓度时也能杀菌,它们之间并没有严格的界限,统称为防腐消毒剂。用于消除宿主体内病原微生物或其他寄生虫的化学药物称为化学治疗剂。

消毒剂在杀灭病原微生物的同时,对动物体有损害作用,一般用于环境消毒;而化学治疗剂对宿主和病原微生物具有选择性,它们能阻碍微生物代谢的某些环节,使其生命活动受到抑制或使其死亡,而对宿主细胞毒副作用甚小。实际工作中,应选择杀菌力强、价格低廉、能长期贮存、无腐蚀性、对人畜刺激或毒性较小、无明显环境污染的消毒剂。

14. 常用的消毒剂种类有哪些?

消毒剂的种类很多,一般可根据用途与消毒剂特点选择使用。

(1)碱类 一般具有较高的消毒效果,适宜环境消毒,但有一定的刺激性及腐蚀性,价格较低。包括氢氧化钠、生石灰等。

(2)氧化剂类 主要通过氧化作用来实现,但易受温度、光线的影响蒸发失效,消毒力受污物影响最大。包括:过氧化氢、高锰酸钾等。

(3)卤素类 所有卤素均具有显著的杀菌性能,氟化钠对真菌及芽胞有强大的杀菌力,1%～2%的碘酊常用作皮肤消毒,碘甘油常用于黏膜的消毒。细菌芽胞比繁殖体对碘还要敏感2～8倍。卤素类易受温度、光照、蒸发等条件影响而失效,而且其消毒力受污物的影响大,需要在强酸下才有效,碱性条件下效果降低。包括:漂白粉、碘酊、氯胺等。

(4)酚类 能抑制和杀死大部分细菌的繁殖体。真菌、病毒对苯酚不太敏感。对位、间位、邻位苯甲酸的杀菌力强,混合物称三甲酚。来苏儿比酚类杀菌力大4倍。酚类消毒能力较强,但具有一定的毒性、腐蚀性,污染环境,价格也较高。包括:苯酚、鱼石脂、甲酚等。

(5)醛类 可消毒排泄物、金属器具,也可用于栏舍的熏蒸消毒。具有刺激性、毒性,长期使用会致癌,易造成皮肤上皮细胞死亡而导致麻痹死亡,甲醛的消毒力受污物、温度、湿度影响大。包括：甲醛、戊二醛、环氧乙烷等。

(6)表面活性剂 分为阳离子表面活性剂和阴离子表面活性剂。阳离子表面活性剂仅对革兰氏阳性菌有效。阴离子表面活性剂对革兰氏阳性菌、阴性菌均有效，对绿脓杆菌、芽胞作用弱，不能杀死结核杆菌，可受污物及肥皂（阴性表面活性剂）等影响而减弱其消毒能力。常用的有新洁尔灭、消毒净、度米芬。一般适用于皮肤、黏膜、手术器械、被污染工作服的消毒。

(7)季铵盐类 为表面活性剂。包括百毒杀、新洁尔灭、度米芬、洗必泰等。

15. 影响消毒剂作用效果的因素有哪些？

(1)消毒剂的性质、浓度与作用时间 各种消毒剂的理化性质不同，对微生物的作用大小也有差异。例如，表面活性剂对革兰氏阳性菌的灭菌效果比对革兰氏阴性菌好，龙胆紫对葡萄球菌的作用特别强。

同一种消毒剂的浓度不同，其消毒效果也不一样。大多数消毒剂浓度越高，消毒、杀菌效果越明显。但也有例外，高浓度乙醇的消毒作用不及70％乙醇，因为浓度过高使表面蛋白质迅速凝固形成蛋白质膜，影响乙醇渗入。在一定浓度下，消毒剂对某种细菌的作用时间越长，其效果也越强。若温度升高，则化学物质的活化分子增多，分子运动速度增加，使化学反应加速，消毒所需的时间可以缩短。

(2)微生物的污染程度 微生物污染程度越严重，消毒就越困难，因为微生物彼此重叠，加强了机械保护作用。所以，在处理污染严重的物品时，必须加大消毒剂浓度，或延长消毒时间。

(3)微生物的种类和生活状态 不同的细菌对消毒剂的抵抗力不同，细菌芽胞的抵抗力最强，幼龄菌比老龄菌敏感。

(4)环境因素 当细菌和有机物特别是蛋白质混在一起时,某些消毒剂的杀菌效果可受到明显影响。因此,在消毒皮肤及器械前应先清洁再消毒。

(5)化学拮抗物 阴离子表面活性剂可降低季铵盐类和洗必泰的消毒作用,因此不能将新洁尔灭等消毒剂与肥皂、阴离子洗涤剂合用。次氯酸盐和过氧乙酸会被硫代硫酸钠中和,金属离子的存在对消毒效果也有一定影响,可降低或增加消毒作用。

16. 什么是家兔的应激?

当家兔受到各种不良因素强烈刺激,身体处于"紧张状态"时,所产生的一系列非特异性的全身反应称为应激,其可引发相应的内分泌、呼吸系统、循环系统、机体代谢紊乱等一系列的身体反应。

家兔的应激可造成家兔生长发育迟缓、生产性能下降,还能诱发一种或多种疾病的发生,给养兔生产带来直接经济损失。引起家兔应激的因素很多,有自然方面的,也有饲养管理方面的,主要应激源有:气候异常骤变、冷热刺激、噪声、空气污染、断奶、转并窝、饲料突变、饲养密度大、剪毛、疫苗接种、长途运输等。

17. 热应激会产生哪些不良后果?

家兔为恒温动物,其体温为 38.3℃～39.6℃,适宜温度为15℃～25℃,最佳繁殖温度为 16℃～21℃,正常生理临界温度为5℃～30℃。家兔的体型小,新陈代谢旺盛,体内产热量大,但汗腺不发达(仅在唇边有少量分布),散热主要靠加快呼吸、排泄和皮肤辐射完成,又因其呼吸强度低,所以热调节能力较差。

在生产中,当环境温度低于或高于临界温度时,家兔用于维持正常体温的代谢能就会增加,就会出现应激反应,特别是处在热应激时,家兔会表现消化液分泌减少、胃肠运动功能减弱,摄食中枢受到抑制,导致采食量减少;物质代谢水平下降;生产性能降低;生长发育受阻;体增重减少;抗病力差等。

18. 减少热应激的措施有哪些?

热应激对家兔生产影响严重,为了减少热应激对家兔的伤害,应以科学的饲养管理技术,为其创造一个良好的饲养环境,加强兔群管理,提高兔群的抗应激能力,以减少热应激给养兔生产带来的不利影响。

(1)改善饲养环境 兔舍应建在远离公路、噪声,地势高燥、供电保证、水源充足且利于排水的地方。兔舍周围种植树木、藤蔓植物以营造天然凉棚,种植牧草覆盖地面,以减少热辐射,降低饲养环境温度,净化空气和改善小气候。同时,加宽屋檐,窗外设挡阳板等,但遮阴不得影响通风。有条件的养殖场兔舍内可安装通风换气、抗热降温设备,改善兔舍小环境的温度,为家兔创造一个良好的、缓解热应激的饲养环境。

(2)保证合理营养 家兔为了缓解热应激,除了通过加快呼吸等途径散热外,还通过降低采食量来减少体内产热、减轻机体热负荷、从而维持体温恒定。但是,家兔的采食量降低可导致营养物质摄入不足,是造成家兔生产性能下降的主要原因之一。所以,应根据家兔不同生长发育阶段,及时调整日粮配方水平,改善饲料营养结构如蛋白质、能量以及能量与粗纤维的比例,以保证供给家兔足够的营养物质需要。

除了保证供给家兔丰富、充足的营养外,还要保证供应充足的清洁饮水,同时也可供给 10℃ 左右的低温水,起到降低体温的作用;同时,在饮水中添加 2% 食盐、口服补液盐、抗生素以预防或降低大肠杆菌等肠道疾病的发生;添加微生态制剂,可有效地调节和平衡家兔消化道内有益菌群,减少家兔因体内酸碱度、菌群失调而导致腹泻的现象,有效缓解热应激对家兔造成的伤害。

(3)加强饲养管理 首先要做好饲养环境的防暑降温工作,保持兔舍良好通风,降低兔舍内的氨气、硫化氢、二氧化碳等有害气体浓度;制定并执行科学的消毒流程和消毒标准,做好兔舍、饲养笼具的清洁卫生、定期消毒、定期净化工作;及时做好各种疫苗的免疫接种和球虫病等其他疾病的预防工作。生产中要按饲养管理程序,对不同生长发育期的家兔给予不同的饲养管理方法。兔群饲养密度要适当,防止过度拥挤,杜绝噪声等不良因素对家兔的刺激。种公兔要单笼精心饲养,适当运动,控制配种次数,以使公兔保持旺盛的精力和良好的精液品质,保证其正常的繁殖配种工作。种母兔也要根据其空怀、妊娠、哺乳期的饲养管理要点,给予不同的饲养管理,以保证种母兔能正常发情、排卵、配种、产仔、泌乳,提高繁殖母兔的生产性能。另外,饲养人员要做到每天细心观察、了解掌握兔群的健康状况,以预防为主,一旦发现病兔,要及时隔离治疗,死亡的病兔要深埋,以消灭传染源,控制疫病的发生。

19. 饲料营养对兔病的发生有哪些影响?

饲料是家兔营养的载体,营养是家兔生存、生长和繁衍的物质基础。因此,饲料和营养与家兔的健康有着密切的关系。而在生产中,一提起兔病,人们自然而然地联系到那些病原微生物,而忽视了与饲料和营养的关系,忽视了在预防和治疗家兔疾病时饲料和营养调控。

(1)营养与代谢病 在养兔生产中,经常会发生营养不足和营养过剩所造成的疾病。例如,当饲料中长期缺乏维生素 A 时,家兔的繁殖功能衰退,主要表现在配种受胎率降低,产仔数减少,死胎率和流产率提高,泌乳力下降;公兔的精液品质差,母兔久不发情或发情不明显,卵泡发育受阻,所生的仔兔眼睛发育不良,畸形胎儿多;家兔的抗病力降低,容易感染各种疾病;生长兔发育不良,生长缓慢,饲料利用率降低,容易发生腹泻;家兔的性成熟期晚,性器官发育不良等。

家兔饲料营养水平对繁殖性能有很大影响,尤其是能量水平偏高,会出现肥胖性不孕症;如果母兔营养水平过低,长期处于营养负平衡状态,同样影响母兔的繁殖性能,表现久不发情,或发情不明显,配种受胎率低,受胎后流产或死产;当母兔在妊娠前期和中期营养过剩和过于肥胖时,在妊娠后期采食减少,分解代谢增强,体内储存的脂肪和蛋白质大量分解,产生的分解产物——酮体(如 β-羟丁酸、乙酰乙酸和丙酮酸)大量积累,会造成妊娠毒血症;当饲料中蛋白质含量不足,尤其是含硫氨基酸严重不足时,家兔会出现异嗜癖,尤其是生长兔相互吃毛现象严重;当饲料的粗纤维含量不足,或饲料的硬度不够时,家兔会出现食木癖;当矿物质缺乏时,会出现食土癖等。

(2)营养与传染病　一般认为,营养失调仅造成代谢病的发生。但是,一些传染病与营养是密不可分的。例如,当长期严重的维生素 A 缺乏时,会使上皮的完整性受到破坏,而上皮系统是抵御外界病原菌的第一道屏障,它的功能缺失,会导致大量的病原微生物侵入而发生疾病,如容易发生消化道疾病、呼吸道疾病和眼结膜炎等。粗纤维不足导致腹泻和肠炎是众所皆知的事实,而较低的粗纤维和较高的淀粉类物质,使小肠对淀粉类物质没有充分消化吸收便进入后肠,给盲肠内的大肠杆菌、魏氏梭菌等病原菌的繁殖创造了条件,改变了盲肠正常的微生物结构,致病菌大量繁殖并产生毒素,后者一方面进入血液,对整个机体产生毒害作用;另一方面刺激肠黏膜发炎,造成吸收障碍,通透性增加,肠道内大量的代谢产物及毒素被吸收,加重了机体的中毒过程;盲肠内分解产物的增加和渗透压的增高,使盲肠内水分含量提高,毒素刺激肠壁蠕动加快,使很多营养物质没有被消化吸收而排出体外,形成腹泻和肠炎;大量水分的丢失,导致家兔脱水,更加重了代谢紊乱程度,最终死亡;肠炎导致大量的病原菌随粪便排出体外,成为污染源,引起兔群发病。

20. 哪些饲料因素可导致家兔发病?

(1)饼(粕)类饲料 饼(粕)类饲料是家兔的主要蛋白质饲料,但是这类饲料也最容易出现问题而导致疾病。例如,大豆饼(粕)含有胰蛋白酶抑制因子等抗营养因子,如果在使用前没有经过脱毒处理,将导致家兔腹泻、消化不良,严重者造成胰腺肿大和诱发肠炎;棉饼(粕)是廉价的植物蛋白饲料,但其含有棉酚,对家兔的毒性较强,尤其是妊娠母兔对棉酚敏感。经试验,普通的棉饼,在日粮中达到 8% 以上,母兔就有中毒的危险,达到 15%,饲喂 1 周后就会出现明显的中毒症状,高酚棉饼在日粮中的含量达到 5% 以上便会发生中毒,如流产、死产和胎儿畸形;菜子饼也是廉价的植物性蛋白饲料,但其含有一定的硫葡萄糖苷及芥子酶,此外还含有氰、毒蛋白和丹宁,当这些成分进入机体后,在一定的温度和水分条件下,芥子酶能使芥子苷水解成有毒物质——异硫氰酸烯丙酯,导致家兔中毒,主要表现为精神委靡,胀肚、腹泻、耳尖、鼻端和嘴唇等发凉发紫,妊娠兔流产,呼吸及心跳加快,最终因心力衰竭而死亡。

(2)发霉饲料 近年来,发霉饲料中毒现象越来越多。发霉饲料主要表现为 3 种类型:第一类是粗饲料发霉中毒,以花生秧、花生壳和红薯秧为主;第二类是精饲料发霉中毒,以麦麸、玉米和花生饼为主;第三类为颗粒饲料发霉,主要是小型颗粒饲料机在压粒过程中加水过多,没有及时干燥而发霉。发病季节一年四季均有,但以春末夏初最多。主要症状是以妊娠后期的母兔"瘫软症"为主。其死亡率很高,对兔业生产形成较大的威胁。

(3)青饲料 青饲料导致家兔发病可分为 3 种类型:第一类是饲喂喷有农药的青饲料中毒;第二类是青饲料(如白菜、萝卜叶、甘薯藤等)含有大量的硝酸盐,当大量饲喂或堆积产热时,在反硝化细菌的作用下,硝酸盐被还原为亚硝酸盐,后者的毒性很大,采食后不久便出现中毒症状;第三类是采食有毒的青饲料而发生中毒,如曼陀罗、青冈叶、闹羊花、毒芹等。尽管目前规模兔场很少饲喂青饲料,但农村家庭小兔场(以肉兔为主)发生青饲料中毒的现象屡见不鲜。

(4)配合饲料 配合饲料中毒主要表现在 3 个方面:一是配合饲料的配方设计不合理,如微量元素超标;二是配合饲料搅拌不均匀,特别是药物性添加剂和微量成分(如食盐、维生素、抗球虫药物等),如在商品化的兔饲料中,一般都加抗球虫的药物,如在日常管理中,在饮水中额外再添加治疗球虫的药物,尤其是剂量过大,往往会引起中毒;三是饲料的贮存和保管不当,导致饲料的霉变。

21. 兔病全年有哪些警示?

一月 是兔瘟、巴氏杆菌病和魏氏梭菌病等烈性传染性疾病的高发期。恰又处于元旦、春节两大节日之间,人员往来频繁,防疫不可松懈,应做好上述疾病的防疫工作。未注射疫苗的及时免疫接种,不可心存侥幸,否则亡羊补牢,悔之不及。兔舍勤打扫,清除积粪,笼具用火焰喷灯消毒,避免用消毒液而致兔舍潮湿,湿冷是致病之源。做好对魏氏梭菌病的防治,幼兔 50~55 日龄,皮下注射魏氏梭菌灭活菌苗 2 毫升,7 天产生免疫力,免疫期 6 个月。发现病兔应及时隔离和消毒,严重病例应及早淘汰。轻症患兔口服青、链霉素,每只每次各 20 万单位,每天 2 次,连用 3 天,同时配合补液(葡萄糖注射液或生理盐水 20~30 毫升)和解毒(肌内注射维生素 C 3～5 毫升),每天 2 次,连用 2～3 天,疗效良好。魏氏梭菌病关键在于预防,一旦发病,治疗效果甚微,因此应加强饲养管理,合理搭配饲料,饲料中粗纤维含量不低于 12%,严禁突变饲料,定期消毒灭菌,防患于未然。另外,本月还易患发疥癣病,应勤检查兔耳、爪,发现疑症及时隔离,消毒笼底板,并用除癞灵等对水洗耳浸爪,坚持口服或注射阿维菌素或伊维菌素,可杜绝发病。

　　二月　因兔舍保暖欠通风,且早春气候多变,容易诱发多种疾病,因此在做好兔瘟预防的同时,尤其应提防巴氏、波氏杆菌病和肺炎、腹泻等。春节、元宵节节日期间互相走亲访友,更应注意防疫灭菌。兔舍定时开门窗通风,保持空气新鲜,减轻粪尿异味及有害气体刺激,勤清除兔舍积粪,定期用 1% 来苏儿消毒。发现患兔,及时隔离治疗。肺炎:丁胺卡那,肌注,每次 0.5～1 毫升,每天 2 次,同时口服卡那霉素或泰乐菌素、氟苯尼考粉剂 0.1～0.2 克,每天 3 次,连用 2～3 天。腹泻:口服诺氟沙星、磺胺脒等,每次 0.5～1 片,每天 3 次,连用 2～3 天。巴、波杆菌联苗已到期的兔群,应继续免疫接种,以提高免疫力,抵御疾病侵扰。此外,本月种兔开始进入繁殖阶段,在检查发情的同时,应仔细观察母兔阴部,如红肿有结痂,应涂擦红霉素软膏,每天 2～3 次,连用 2～3 天,待痊愈后再行配种,以免感染公兔,影响繁殖。公、母种兔配种前,皮下注射 2 毫升葡萄球菌灭活疫苗,免疫期 6 个月,可有效预防由葡萄球菌感染引起的母兔乳房炎、仔兔黄尿病和脓毒症的发生。

　　三月　病原体繁衍日益猖獗,随时都有暴发兔瘟及巴氏、波氏杆菌病和魏氏梭菌病的可能,因此应继续做好兔瘟等烈性疾病的防疫工作。此外,3～4 月又是假性结核病最易暴发的季节,发现病兔应及时肌注链霉素,每千克体重 2 万～3 万单位,每天 2 次,连用 3～5 天,疗效良好。兔笼舍应进行 1 次大的清扫、消毒,如条件允许可采用甲醛熏蒸消毒。本月母兔进入繁殖期,应重点预防乳房炎。具体方法:产仔前后 3～5 天减少喂料,喂以易消化的草料,5 天以后恢复自由采食,同时,喂服穿心莲 1～2 粒,复方新诺明 1 片。并用热毛巾按摩擦洗乳房,然后用碘酊涂搽乳房,隔日 1 次,连用 3 次,不仅能预防母兔乳房炎,还能防止仔兔黄尿病的发生,而且哺乳仔兔还能获得一定的碘,兼有预防球虫病的作用。

四月 家兔配种进入旺季,应注意防范生殖系统疾病,尤其是兔梅毒,通过配种传播,直接威胁种兔的健康,因此种兔配种前应仔细检查,发现有红肿、溃烂等病变的及时隔离,对症治疗,局部涂擦青霉素、四环素、红霉素等消炎软膏,每天 1 次,连用 2～3 天,待病愈后再行配种,以免祸及后代。早春所配母兔本月陆续产仔,除做好母兔临产前的准备工作外,还要注意预防母兔乳房炎和产后疾患。春季气候异常,冷热不均,有倒春寒,护仔工作要认真细心,注意天气变化,预防感冒。发现病兔,应喂服感冒通、银翘片或肌注柴胡、安痛定、安乃近等治疗。由于天气渐暖和,冬贮多汁饲料(如胡萝卜等)易受热化冻而腐烂变质,喂兔前应去杂洗净鲜喂,并注意防范亚硝酸盐中毒。未经免疫注射兔瘟和巴氏杆菌的兔群,应及时补种。由于本月又是假性结核病的暴发季节,应重点防范,一旦发现病兔,应及时隔离并采取相应措施治疗。同时,对所有笼具进行清扫,并用甲醛熏蒸或农乐消毒液喷洒。

五月 早春所配母兔已陆续产仔断奶,断奶仔兔体弱,消化机能不健全,加之青草返青,嫩绿水分多,易贪食伤胃,因此喂兔应定时定量、干青搭配、少喂多餐。发现腹泻病兔,除增喂干粗饲料外,并喂服诺氟沙星、泻痢停、痢菌净等,严重病兔肌注庆大霉素、乙酰甲喹等。另外,断奶仔兔饲料中开始添加抗球虫药,如兔宝 1 号或氯苯胍、地克珠利等。氯苯胍最多使用 1 个月,地克珠利可以连续使用 3 个月,防止产生抗药性,但兔宝 1 号则可以长期使用,能有效控制球虫病的发生。同时,要注意笼具卫生,洁净干燥忌潮湿,否则为致病之源。另外,球虫病最容易和大肠杆菌病混合感染,因此这两种病应同防同治。本月又是巴氏杆菌、波氏杆菌、感冒、口腔炎和假性结核病的多发期，口腔炎可择青霉素粉、青黛散、冰硼散等局部涂擦治疗，每天 2 次，连用 2～3 天，并喂以柔软、细嫩、易消化的草料，同时对笼具进行彻底清洗消毒，保持兔舍空气流通、干燥、洁净、舒适。

六月 断奶幼兔易患球虫、肠炎等病，除经常对笼具进行消毒和保持洁净外，仔兔开食就应在料中添加兔宝 1 号、氯苯胍、地克珠利、克球粉等加以防范。另外，及时防疫接种，首次免疫用兔瘟单苗，60 日龄则可选用兔瘟、巴氏杆菌二联或兔瘟、巴氏杆菌、魏氏棱菌三联苗等。其他疫苗则根据当地和兔场发病情况择重注射，各种疫苗注射间隔时间为 5～7 天，尤其是巴、波杆菌联苗比单苗效果更好。对断奶幼兔危害最为严重的球虫和肠炎，平时应以"防"字当头，择喂大蒜、洋葱、韭菜、车前草、蒲公英、马齿苋等，以草带药，严防病从口入，确保仔、幼兔的健康生长。

七月 病原微生物大量繁殖，草料久存堆积易霉变，因此应注意防范球虫、肠炎和霉菌中毒。球虫病：除保持笼舍干燥洁净、草料卫生外，仔兔从补料时起饲料中添加抗球虫药，如兔宝 1 号、球虫净、地克珠利等，连喂 60～90 天，然后视兔体质而适当停药。肠炎：多与草料质量和饲喂有关，因此所喂草料必须洁净无污染，并少喂勤添，严禁堆积贮存，尽量少用或不用湿拌料，最好使用颗粒料，尤其雨季适当补充干粗料，对预防肠炎有一定的控制作用。发现病兔可用诺氟沙星、磺胺脒、泻痢停、环丙沙星、止痢片、庆大霉素等治疗。霉菌中毒：多由雨季潮湿饲料保管不当而发热霉变误食所致。除做好草料洁净卫生、防潮保燥、安全贮存外，发现病兔，立即停料，并供足饮水，添加电解多维，解毒、防脱水，同时口服制霉菌素、克霉唑等，严重的肌注排毒止痢、怪病急救等。

八月 由于兔子汗腺不发达，热调节机能差，因此本月主要以防暑降温为主。首先，保持兔笼舍通风凉爽舒适，因地制宜，合理采取相应措施防暑降温,舍前搭凉棚或引瓜蔓遮阳或采取笼内放湿砖,舍顶涂抹石灰浆、地面喷洒冷水,山地可利用山洞避暑,条件允许可安装空调、电扇等防暑降温。其次,调节饲料结构和作息时间。多喂多汁饲料,降低饲料能量,尽量不喂湿饲料,最好改喂颗粒饲料。喂兔时间力求早上提早喂,晚上延迟喂,中午让兔休息不必喂,昼夜供足饮水,并加 0.5％食盐。最后,发现中暑病兔,立即将其移至通风阴凉处,取冷水敷头,喂服淡盐水、藿香水、仁丹、风油精、十滴水等,严重病兔结合人中、尾尖、脚趾间放血,必要时静注 10％葡萄糖和 0.9％氯化钠注射液等治疗。

九月 疾病防治应以感冒和疥癣为主。感冒:注意笼舍的温度和空气调节,视气候变化做好防范工作。发现患兔,喂服感冒通、银翘片、伤风胶囊等,也可视病情结合肌注柴胡、安痛定、安乃近等,为防继发感染,另加青霉素等抗生素和磺胺类药物。疥癣:注意笼舍干燥卫生,严防潮湿污浊而致病,笼舍用具定期消毒,或每月用除癞灵、杀螨灵对水洗四肢 1 次,也可定期皮下注射 1 次阿维菌素或伊维菌素,以防患于未然。发现病兔,立即隔离,注射结合局部涂药,疗效良好。

十月 仔幼兔易患感冒、肺炎及肠炎等病,应注意防范。兔舍窗户夜关昼开,保持舍温稳定。发现病兔及时治疗:感冒,口服感冒通、银翘片或肌注柴胡、安痛定、安乃近等;肺炎,口服或肌注氟苯尼考、泰乐菌素、卡那霉素等;肠炎,口服庆大、诺氟沙星、磺胺脒、泻痢停等。秋末青料渐缺,白菜、萝卜、薯类上市,因其久存易发热变质,可引起亚硝酸盐中毒,用其下脚料喂兔应现取鲜喂。尤其是红薯蔓叶严禁喂种兔,因其缺乏维生素 E,会引起种兔不育。此外,再生高粱、玉米嫩苗也不能喂兔,以免发生氢氰酸中毒。秋末冬初是兔瘟等烈性传染病的发病高潮期,疫苗免疫期已过,本月应继续注射,幼兔断奶后可随时注射。兔瘟旺发多在 11 月至翌年 3 月,所以本月注射疫苗尤为重要。

十一月　本月是兔瘟旺发季节,应做好防疫工作。仔兔 40 日龄首免,皮下注射兔瘟疫苗 1 毫升,60 日龄再加强免疫 1 次。首免必须用兔瘟单苗,二免可以用联苗,免疫期 4～6 个月,成年兔皮下注射 2 毫升,1 年注射 3 次,可有效防止兔瘟的发生。本月兔还易患疥癣、感冒、肺炎、腹泻等病,因此应加强管理,定期消毒,保持笼舍清洁干燥、温暖舒适。发现兔患疥癣,先去除痂皮,然后使用杀螨灵、除癞灵按说明对水擦洗,隔天 1 次,连用 2～3 次,同时结合阿维菌素(虫克星)皮下注射,每千克体重 0.2 毫升,疗效更佳。感冒:口服感冒冲剂、感冒通、银翘片等,也可肌注柴胡、安痛定、安乃近等。肺炎:肌注丁胺卡那霉素。腹泻:口服诺氟沙星、痢菌净等。

十二月　本月天寒地冻,管理以防寒保暖为主,此期兔舍门窗封闭欠通风,受粪尿异味及有害气体刺激,兔易患巴氏、波氏杆菌病,尤以传染性鼻炎为甚,应作为重点防范。择风和日暖的中午打开门窗,通风换气,保证兔舍空气新鲜。笼舍勤清理,保洁净,定期消毒,以保温保洁、抗病御寒。定期免疫注射:巴、波二联灭活苗,仔兔 35～40 月龄皮下注射,每只 2 毫升,7 天产生免疫力;种兔皮下注射,每次 2 毫升,每年免疫 3 次,4 个月 1 次。发现病兔,及时隔离治疗。鼻炎型可用鼻炎滴剂滴鼻,每次 2～3 滴,1 天 2～3次,连用 3～5 天,或口服鼻炎康、鼻炎灵,每次 1 片,1 天 3 次,连用 2～3 天;其他类型,肌注抗菌消炎药,青霉素 2 万～5 万单位,链霉素 10 万～20 万单位,一次肌注,每天 2 次,庆大霉素 4 万～8万单位,肌肉注射,每天 2 次,此外,兔瘟、魏氏梭菌疫苗免疫期满,应继续做好免疫接种工作,严禁漏防和延期。

22. 兔群的日常观察事项及处理措施有哪些?

(1)日常观察　见表 1-2。

表1-2 兔群日常观察事项

每周一次"大"观察		
观察对象	观察时间	主要观察内容
生长兔		真菌病、脚皮炎
后备兔		脚皮炎、鼻炎
种公兔	周二 9:00~12:00	脚皮炎、鼻炎
种母兔		乳房炎、脚皮炎、鼻炎、消瘦个体
仔 兔		黄尿病、真菌病、瘦弱个体
每日一次"小"观察		
观察对象	观察时间	主要观察内容
生长兔		真菌病、脚皮炎、鼻炎、腹泻、剩料、供水
后备兔		真菌病、脚皮炎、鼻炎、腹泻、剩料、供水
种公兔	每天 8:00~9:00	脚皮炎、鼻炎、腹泻、剩料、供水
种母兔		乳房炎、脚皮炎、鼻炎、消瘦个体、剩料、供水
仔 兔		黄尿病、真菌病、瘦弱个体、母兔死亡寄养个体

(2)病弱兔的淘汰、隔离、治疗 ①将观察到的所有有问题的兔子及时分类放到隔离区，并做好相应的标示。针对不同的病症，按时做好相应的治疗方案。②无任何种用及治疗价值的及时宰杀淘汰。③以上相关的隔离观察治疗情况，都应以书面的形式存档，兽医人员要及时记录，书写工整。

(3)周治疗计划 每周进行大检查,形成本周的治疗计划,并按照计划进行治疗。

(4)治疗方法

①腹泻 青霉素40万单位+链霉素50万单位,肌注,每天2次连用3～5天;卡那霉素2毫升,肌注,每天2次,连用3～5天。

②鼻炎 鱼腥草2毫升,肌注;青、链霉素2～3滴混合滴鼻,每天2次,连用3～5天;大蒜酊2～3滴滴鼻,每天2次,连用3～5天。

③腹胀 食母生5片+多酶片5片+维生素B 1～2毫升+维生素C 2毫升,灌服,每天2次,连用3～5天;穿心莲5片+安痛定5毫升,灌服,每天2次,连用3～5天。

④食欲不振 磺胺嘧啶钠2毫升+诺氟沙星胶囊半粒,灌服,每天2次,连用3～5天;大黄片5片+维生素C 2毫升+维生素B 1～2毫升,灌服,每天2次,连用3～5天。

⑤球虫病 绿球敌1瓶+青霉素100克对水0.5千克,连用3～5天;新诺明100克+电解多维1瓶对水0.5千克,大群全天饮水连用3～5天。

⑥精神不振 大青叶2毫升+维生素C 2毫升+维生素B 1～2毫升,灌服,每天2次,连用3～5天;板蓝根2毫升+维生素C 2毫升+维生素B 1～2毫升,灌服,每天2次,连用3～5天。

⑦皮下脓肿 切开脓包,挤出脓汁,用3%过氧化氢溶液清洗创口;向创口上撒青霉素粉,用绷带包扎紧创口。

⑧脚皮炎 用酒精棉球清理坏死组织,用3%过氧化氢溶液清洗创口;向创口上涂红霉素软膏,用脚套包扎创口。

⑨真菌病 用3%来苏儿和碘酊等量混合涂擦患部;用克霉唑软膏涂擦患部;达克宁少量涂患部。

⑩疥螨病 伊维菌素,皮下注射,0.5毫升/只,每隔7天注射

1次,连续注射 2 次;达克宁少量涂患部,每天 2 次,5～7 天 1 疗程。

23. 兔场使用的主要疫苗有哪些?

(1)兔瘟 兔病毒性出血症组织灭活苗或兔瘟巴氏杆菌二联苗,用于 30 日龄以上断奶仔兔的首免,每只皮下注射 1 毫升,7 天后产生免疫力,以后每 4～6 个月免疫 1 次。发生疫情时,可用兔病毒性出血症组织灭活苗对未发病的家兔采取紧急注射,3～7 天内可有效地控制疫情。

兔瘟、魏氏梭菌二联苗或兔瘟、巴氏杆菌、魏氏梭菌三联苗,用于 30 日龄以上断奶仔兔的初免,每只皮下注射 1.5 毫升,7 天后产生免疫力,以后每 4～6 个月免疫 1 次。

(2)巴氏杆菌病 巴氏杆菌灭活苗,30 日龄以上家兔首免,每只皮下注射 1 毫升,7 天后产生免疫力,以后每 4～6 个月免疫 1 次。

兔巴氏杆菌、魏氏梭菌二联苗,用于 20～30 日龄仔兔的初免,每只兔皮下注射 1 毫升,30 日龄后每只皮下注射 2 毫升,7 天后产生免疫力,以后每 4～6 个月免疫 1 次。

巴氏杆菌、波氏杆菌二联苗,母兔妊娠 1 周后免疫 1 次,仔兔 25～30 日龄初免,7 天后产生免疫力,每 4～6 个月免疫 1 次。主要用于预防兔巴氏杆菌、波氏杆菌引起的呼吸道疾病。

兔瘟、巴氏杆菌二联苗或兔瘟、巴氏杆菌、魏氏梭菌三联苗,使用方法同前。

(3)魏氏梭菌性腹泻 魏氏梭菌性肠炎灭活苗,30 日龄以上的兔首免,每只皮下注射 1 毫升,7 天后产生免疫力,每 4～6 个月免疫 1 次。

兔巴氏杆菌、魏氏梭菌二联苗,或兔瘟、魏氏梭菌二联苗,或兔瘟巴氏杆菌魏氏梭菌三联苗,使用方法同前。

(4)支气管败血波氏杆菌病 支气管败血波氏杆菌灭活苗,妊娠母兔产前 2~3 周免疫 1 次,25~30 日龄仔兔首免,每只皮下或肌内注射 1 毫升,7 天后产生免疫力,每隔半年免疫 1 次。

巴氏杆菌、波氏杆菌二联苗,使用方法同前。

24. 肉兔的一般免疫程序是什么?

(1)仔兔、幼兔免疫程序 见表 1-3。

表 1-3 仔兔、幼兔免疫程序

日 龄	免疫疾病	疫苗种类
23	A 型魏氏梭菌病	A 型魏氏梭菌苗,每次 2 毫升
30	巴氏、波氏杆菌病	巴氏、波氏杆菌二联苗,每次 2 毫升
35	兔瘟	兔瘟或兔瘟、巴氏杆菌二联苗,每次 1 毫升
60	兔 瘟	兔瘟灭活苗,每次 2 毫升

(2)青年兔、后备种兔、种兔免疫程序 表 1-4。

表 1-4 青年兔、后备种兔、种兔免疫程序

疫苗种类	免疫计划
兔瘟疫苗	每隔 4~5 个月免疫 1 次,每次 2 毫升
大肠杆菌疫苗	每隔 4~5 个月免疫 1 次,每次 2 毫升
魏氏梭菌疫苗	每隔 4~5 个月免疫 1 次,每次 2 毫升
巴氏、波氏杆菌疫苗	每隔 4~5 个月免疫 1 次,每次 2 毫升
葡萄球菌疫苗	种兔配种前 15 天首免,以后每隔 4~5 个月免疫 1 次,每次 2 毫升

目前,人们往往认为给兔打上疫苗了便万事大吉,其实这种观点是错误的。疾病并不可怕,怕的就是不按科学的方法进行日常管理和饲养、不能及时进行防疫消毒。所谓病从口入,严格控制饮水、饲料、环境的卫生即可杜绝或减少因环境导致的疾病。此外,免疫接种要做到:①要有计划。②要制订出适合本场兔群使用的免疫程序。③免疫接种工作要有操作规程,按规范化的要求,接种前要检查兔的健康状况。接种器械要消毒,做到不漏种、不多种、不少种,接种后要检查兔的反应情况。④各养殖场兔群的饲养情况不同,兔群的免疫情况也不同,因此要具体情况具体分析。

25. 常用粉剂类药物参考添加比例是怎样的?

见表 1-5。

表 1-5　常用粉剂类药物添加比例

药　物	添加比例
庆大霉素	0.2‰,(可加到 0.4‰,慎用)
阿米卡星	0.2‰
青霉素	0.1‰
头孢噻呋	1/1000～1/1500,本药在病情初期使用高剂量扑灭,病情后期使用低剂量,待病情好转再加高剂量
红霉素	按照说明量使用,严禁加量
氧氟沙星	0.1‰～0.15‰,价格较贵,作为呼吸疾病用药
诺氟沙星	0.2‰～0.4‰
环丙沙星	0.2‰～0.4‰

续表 1-5

药 物	添加比例
恩诺沙星	0.2‰～0.4‰
土霉素	0.8‰～1‰,治疗球虫病与地克珠利配伍
地克珠利	0.4‰～1‰
海南霉素	按说明量使用
莫能菌素	0.05‰～0.06‰
上述药品为每天 2 次集中使用,用药根据兔群状况使用。急病用猛药,重病先用营养药和轻药,后用大剂量药	
伊维菌素	按说明量使用,可加量 2～6 倍,集中一次使用,间隔 6～7 天再使用 1 次
蒙脱石	3‰,或每只 3 克,1 次/天
维生素 C	0.1‰～0.2‰
小苏打(碳酸氢钠)	1‰～3‰
生石灰	3‰

以上药物的使用剂量仅供参考,要严格按照厂家提供的使用剂量来用。

26. 如何合理使用抗生素药物?

(1)联合用药 正确的联合用药,是针对规模化养兔场疾病复杂、混合感染增多的现状,采取的有效治疗手段之一。抗菌药物合理配伍,可达到协同作用,从而达到增加疗效,提高治愈率的目的。抗菌药物联合应用的适应症:病因不明的重剧感染或败血症;一种抗菌药难以控制的混合感染;经长期用药,估计细菌有耐药可能。

例如：病毒与细菌混合感染、呼吸道与消化道混合感染、寄生虫与细菌混合感染等，可对症联合施治。常用的联合用药方式如下：

方式 1：青霉素 20 万～40 万单位＋庆大霉素 8 万～16 万单位，联合注射，增加疗效。

方式 2：氨苄青霉素原粉 0.05‰＋喹诺酮类 0.005‰～0.01‰，联合饮水，可使药效增强。

方式 3：磺胺类 0.6‰～1.2‰＋喹诺酮类 0.05‰～0.1‰，联合饮水，可使药效增强。

方式 4：丁胺卡那（阿咪卡星）0.1‰＋喹诺酮类 0.1‰，联合饮水，可使药效增强。

方式 5：青霉素 40 万单位＋链霉素 20 万～40 万单位，联合注射，可使药效增强。

方式 6：头孢菌素类 0.1‰＋庆大霉素 0.1‰或喹诺酮类 0.1‰或新霉素 0.05‰～0.1‰，联合饮水，提高疗效。

方式 7：磺胺类 0.6‰～1.2‰＋甲氧苄啶（TMP）0.1‰～0.2‰或庆大霉素 0.1‰或新霉素 0.05‰～0.1‰或卡那霉素 0.1‰，联合饮水，疗效增强。

方式 8：喹诺酮类 0.05‰～0.1‰＋头孢氨苄 0.1‰或头孢拉定、氨苄西林钠、链霉素、新霉素、庆大霉素、磺胺类，疗效增强。

方式 9：0.5%地克珠利溶液 0.6‰～0.8‰＋氨苄西林钠 0.05‰，联合饮水，治疗暴发性球虫。

其他：庆大霉素＋磺胺类疗效增强，庆大霉素＋丁胺卡那疗效增强、庆大霉素＋卡那霉素疗效增强、庆大霉素＋四环素疗效增强、卡那霉素＋四环素疗效增强。

（2）合理用药 抗生素在畜禽疾病防治中的作用已毋庸置疑，但如果滥用或使用不当，将会导致破坏畜禽体内微生态平衡，甚至引起中毒死亡，这方面不能忽视。兔群发病在用药时，最好做出药敏试验，选出敏感有效的抗生素应用于临床。

正常情况下,家兔体内各种微生物之间保持相对的生态平衡,如果对兔群长期或大量的使用抗生素,就会打破这种生态平衡,尤其易造成消化道内环境菌群失调,引起消化不良或腹胀、腹泻。在养兔生产中,人们经常用抗生素防治兔腹泻,但对于抗生素使用不当而导致家兔腹泻认识不足,更没有引起高度的重视。

在临床上,为了克服各种感染,有人对兔群较多使用广谱抗生素新种类,以"拉大网"的方式消灭一切可能的"病原体",这种用药的方法仅仅看到了其一时的作用,而忽视了其带来的潜在或长久危害。例如:连续给家兔用氨苄青霉素或阿莫西林2周后,会引起多数兔子中毒死亡;连续用庆大霉素饮水7~10天,会引起半数兔子血尿或中毒;地克珠利与莫能菌素联合使用,能使毒性增强,引起兔子蓄积性中毒。因此滥用抗生素是养兔生产的大忌。

27. 中草药在现代大规模养兔场中有哪些应用?

(1)利用中草药的抗感染作用　用于大群发病的治疗。清热类中草药在抗病原微生物方面效果明显,如金银花、黄芩、板蓝根、贯众等。对金黄色葡萄球菌、溶血性链球菌、痢疾杆菌、绿脓杆菌等革兰氏阴性和阳性菌都有杀灭和抑制作用,并能预防病毒、钩端螺旋体、致病性真菌和原虫感染。同时,能激发有机体抗感染的免疫功能,增强网状内皮系统的吞噬能力,促进抗体形成。

(2)利用中草药天然、残留低的特点　用于疾病的预防。中草药是天然物质,保持了各种成分的自然性和生物活性,其成分易被吸收利用,不能被吸收的也能顺利排出体外,在体外被细菌等分解,不会污染水环境。而一般的化学药物成分会积累在动物体内或长期残留于水中。更重要的是中草药毒副作用小或无,在动物体不产生抗药性。有毒的中草药经过适当的炮制加工后,毒性会降低或消失;通过组方配伍,利用中药之间的相互作用,提高了其防病治病的功效,减弱或减免了毒副作用。至今医学研究从未发现中草药有抗药性的问题。

(3)利用中草药的营养优势 饲喂某些中草药可提高饲料报酬,缩短饲养周期,减少饲料的浪费。中草药添加剂的使用是现代大规模养兔场最有优势的环节之一。

①补充营养物质 许多中草药含有动物机体必需的营养物质,如大枣枣肉中除含蛋白质、脂肪、碳水化合物外,还含有维生素 A、维生素 C 及丰富的钙、磷、铁等;黄芪中含碳水化合物,多种氨基酸、蛋白质、胆碱、叶酸、B 族维生素、淀粉酶、微量元素。在肉兔和仔兔的生产中,饲料中添加中草药,可明显提高增重率,降低饲料消耗。现代医学研究证明,中药内含大量蛋白质、维生素和微量元素,因此按照一定比例添加到肉兔饲料中,能够提高肉兔对饲料的消化率,增强机体对营养物质的吸收,补充肉兔生长发育所必需的营养物质,从而达到增重和节约饲料的效果。

②促进有机体新陈代谢 某些中药有调节兔机体内糖、脂肪代谢的作用,可促进蛋白质、DNA、RNA 的合成,增高蛋白质及 γ-球蛋白含量。如刺五加能调节血糖,促进核酸和蛋白质合成;当归可防止维生素 E 缺乏。

③调味、健胃,提高饲料报酬 许多中草药,如大蒜、花椒、肉豆蔻、甘草等具有芳香味。这些药物具有调味、增加适口性、促进唾液和胃液分泌、驱虫健胃和提高产品风味的作用。如将大蒜、生姜、茴香、肉桂、黄芪、山楂、神曲、麦芽加入饲料中喂兔,兔的食欲会增加,腹泻、胀肚等现象大大降低。

(4)利用中草药的抗应激能力 某些中草药可减少各种应激造成兔群生产性能的下降。由于长途运输、高密度饲养使兔受到噪声、强光、寒冷、高热、饥渴等刺激,应激症呈上升趋势。一些中草药能增强机体对各种有害刺激的防御能力,使紊乱的功能恢复正常,如党参、刺五加可使兔抗高温、抗寒冷的能力明显提高。

(5)利用中草药提高机体免疫力的作用 某些中草药可提高肉兔自身的免疫能力,预防疾病。随着疫苗的使用,肉兔疾病由大面积流行的传染病转变为以慢性散发传染病、普通内科病、中毒病、代谢病和应激为主的疾病。这类疾病用特异性的疫(菌)苗免疫,还不太现实,用西药疗效也不太理想,而在饲料中添加中草药,则收到一定的防治效果。

(6)利用中草药具有的无交叉耐药性特点 目前,由于大量、盲目使用抗生素,病原菌产生耐药性的周期明显缩短,耐药性也越来越强。而中药多为复方,复方中的多种成分,从能量转化的各个环节干扰病原微生物的代谢,不易产生抗药性,可有效地抑制或杀灭病原微生物。

下面列出在临床上有治病作用的几种草药,可尝试使用:

车前草:有利尿、止泻、明目、祛痰功效,用于防治呼吸道、肠道和球虫病感染。用法:采鲜草直接喂兔,或用干品 10～15 克,煎水内服,每只兔每日 2 次,连用 3～5 天。

蒲公英:具有清热解毒、消肿、利胆、抗菌消炎作用。能防治兔的肠炎、腹泻、肺痰、乳房炎。用法:采鲜草直接喂兔,或取干品 5 克,煎水内服,每只每日 2 次,连用 3～5 天。

马齿苋:有清热、解毒、散血、消肿、止痢、止血、驱虫、消疮作用。马齿苋是毛兔喜吃的青料,梅雨季节喂兔能防治腹泻和球虫病。

金银花:具有清热解毒作用。主治兔的流行性感冒、肺炎、呼吸道和消化道疾病以及其他热性病。用法:可用鲜枝、叶、花喂兔,或干品每只每次 4～6 克,煎水内服,连用 3～5 天。

野菊花:具有祛风、降火、解毒之功效。可治疗金黄色葡萄球菌、链球菌、巴氏杆菌所引起的疾病。方法:用鲜菊花直接喂兔,或取干品 5 克,煎水内服,每只每日 2 次,连用 5～7 天。

大蒜:具有杀菌、健胃、止痢、止咳和驱虫功能。可治兔的肠炎、腹泻、消化不良、流感、肺炎、球虫病等多种疾病。用法：大蒜250 克去皮捣烂，加水 500 毫升浸泡，7 天后使用，每只每日服 2次，每次服 3～5 毫升，连用 3～5 天；也可将大蒜捣成泥状，拌入饲料中直接喂兔。

大青叶、板蓝根：具有清瘟解毒、抗菌消炎功效。主治兔的咽喉炎、气管炎、肺炎、肠炎等。用法：取干品 5 克，煎水内服，连用3～5 天，也可用鲜草直接喂兔。

28. 如何防止新购种兔发病？

(1)做好购兔准备　引进之前，在建好兔舍，安装好兔笼、水线、食槽等工作的同时，应备足饲料，购进优质的全价颗粒饲料，并要把握好质量关，严防购入霉变饲料。对兔笼、兔舍、用具等进行彻底消毒，确保环境卫生，保持兔舍通风、干燥、安静。

(2)减少应激反应　种兔引进时，经抓捕、运输、环境改变，容易出现神态不安、敏感性强、抗病力下降等应激症状，易患感冒、腹泻或消化不良等疾病，必须细心饲养，加强管理，严禁暴饮暴食。种兔到达兔场后，一般休息 20 分钟后即可进行饮水，饮水中可加入 0.1% 电解多维，连饮 3～5 天，为防止腹泻病的发生，也可在饮水中加入 0.1‰ 诺氟沙星粉，连饮 2～3 天。饲料应尽量按照原来的配方和饲喂习惯进行，用 7～10 天的时间逐步变成自配饲料。引种的当天一般不喂料。第二天分两次饲喂 100 克左右，让兔吃七八成饱，5～7 天逐步过渡到正常饲喂量，切忌突然改变饲料配方和操作日程。要随时观察兔群的健康状况，发现病兔及时隔离治疗，对于出现腹泻的病兔，可用 0.1 克诺氟沙星胶囊进行口服，严重腹泻的，可用 0.1 克诺氟沙星胶囊＋8 万单位的庆大霉素针剂联合口服，每天 2 次，连用 2～3 天，有良好的效果。

(3)改善消化道环境　对出现食欲减退或发生便秘的兔子，可用大黄苏打片2片＋食母生1片,进行灌服,每天2次,连用2～3天,同时可饲喂一些青草或青菜,以提高病兔的采食,并起到消导润肠和促消化的作用。对于出现绝食的兔子,可用青霉素40万单位＋链霉素20万单位进行联合注射,每日2次,连用3天;也可以用庆大霉素、卡那霉素等进行注射治疗,在病兔恢复食欲时,应多喂青绿饲料。

(4)做好驱虫和免疫工作 在兔群稳定之后,可用伊维菌素或阿维菌素进行皮下注射,每千克体重0.03毫升,预防螨虫、线虫等寄生虫病的发生;对没注射兔瘟疫苗的种兔,应及时补注兔瘟疫苗或兔瘟、巴氏杆菌二联苗。为净化兔球虫病,可用地克珠利等抗球虫药物,对种兔拌料饲喂15天,以消除球虫病隐患。

29. 观察兔群时要注意哪些内容?

采食是家兔健康与否的一个非常敏感的信号,许多疾病的最早表现都是从不吃食开始的。正常情况下,家兔对饲料的采食是非常积极主动的,只要饲料适口,而且其适应了这种饲料,一般情况下,定量投喂的饲料,能在一定的时间内吃完;如果没有按时吃完或没按定量吃完,这说明家兔的身体已有不适的反应,应马上隔离,做进一步的检查。

粪便是家兔消化系统正常与否的最直观的表现。在家兔目前发现的常见病中,有40%都可导致消化道病,一般也可从粪便的变化中反映出来。在日常观察中,如果家兔粪便出现变化,如一头尖的梨形、两头尖的鼠粪、糊状、粥状、水样、血样、黏液样等,都说明家兔的消化道出现了异常,必须采取隔离措施进行检查与治疗。

饮水量也是家兔机体变化中的一个非常重要的信号。特别是在饮水量突然增加或减少的情况下,这种信号的提示价值尤为重要。家兔的许多疾病往往首先从饮水量的变化中发现的。家兔饮水量受气温、食量等客观条件影响较大,饮水量的比较一个是家兔自身的比较,一个是同等环境下同日龄家兔的比较,如果出现了明显的饮水量增多或减少,都是异常的信号,应马上隔离做进一步的检查。

每次更换饲料后要注意。家兔对饲料的适应性要求十分严格,每变换一次饲料,如果不是逐渐更换,就会导致肠道菌群紊乱,引起消化道疾病,所以在饲料更换期间要特别注意观察,出现变化,及时处理。

在气温突然发生变化时要注意。气温变化往往是家兔多种疾病的诱因。特别是在春、秋两季,气温突变时,除了做好防风、防寒外,另一个措施就是对兔群勤检查,以防不测。

在嗅到特殊气味时应注意。有时家兔染病的时候会发出一些难闻的气味。如妊娠母兔发生妊娠毒血症时,口腔常呼出一种烂苹果味;患魏氏梭菌病时,家兔会排出大量恶臭的气体,当闻到异味时,应马上找到来源,及时发现病兔,隔离治疗。

在兔舍听到特殊动静时,应注意。正常情况下,兔群喜安静,异常时会出现咳嗽、打喷嚏、鸣叫、躁动等情况。如果听到异常的声音,应马上查明原因,如属病态应迅速隔离治疗。

家兔在初换环境后要引起注意。其对环境十分敏感,每换一次环境,都要有一个适应的过程,而这一期间也最易患病,因此对初换环境的家兔要特别注意。幼兔从初生到断奶1个月内要特别注意,这个时期对仔兔的护理必须尽心尽力,给予特别关注。

在疫情流行期间要特别注意。特别是周围附近兔场发生较大疫情时,一定要及时采取防疫措施,同时加强疫情观察,防止流行病在本场发生。

对新引进的家兔要特别注意。新引进的兔子往往是疫情传播的祸源,必须进行隔离观察15~30天,在确认无病后,方可合群。

30. 如何识别病兔?

一看:看眼神、口、鼻、耳色、食欲、粪形、粪色、毛色及活动情况。健康家兔在喂食时活泼跳跃,有急欲求食表现,喂给的饲料在15～30分钟吃完。食欲减退,吃得不欢,常见于发病初期,食欲废绝则患重病,时好时坏多为慢性消化器官疾病。健康兔行动活泼、眼神圆瞪明亮、眼角干燥、口鼻清洁、耳色粉红、耳壳内洁净。粪圆粒形,豌豆大小,光滑、圆润、有弹性,内含青草纤维,表面光滑匀整。毛色浓密有光泽。

病兔行动呆滞,精神不振,喂料前不活动,给料后不吃或少吃,饮水量上升;兔眼有潮湿的黏液、鼻污口湿、耳色过红过青(过红体温高,过青是体温低);粪粒上有一尖头,表明有初期的胃肠病,粪烂臭是伤食,稀薄如糊为腹泻,稀薄带透明胶状物、恶臭为痢疾,粪粒干硬而细小为初期便秘,量少或无粪为严重便秘;兔毛散乱无光泽,多数为慢性消耗性疾病。

正常新鲜尿液为微混浊淡黄色。尿液中如果出现不正常的成分,可导致尿色异常,而且从尿液颜色变化可诊断出某种疾病。如果尿液少,色红或黄,表示有"火"或"热"症;尿多清而淡,表示有"寒"症。尿的次数增加,尿中带血或血块,表现疼痛,有氨臭味,可能患有膀胱炎;尿少,红棕色或带血,并有皮下水肿,表现疼痛,可能患有肾炎。长期血尿,无疼痛感,可能是肾母细胞瘤。黄褐色尿,表示患有肝脏损害性疾病,如豆状囊尾蚴病、肝片吸虫病、肝硬化等;酱油色尿,是由于红细胞大量被破坏而造成的,如血液原虫病;乳白色尿,是由于脂乳浊液进入尿中,又称乳糜尿,常见的疾病有腹腔结核病、肿瘤压迫,妊娠母兔也可出现乳糜尿。脓尿,常见于泌尿道化脓性感染,脓汁混入尿中,使尿液混浊或呈脓汁样,常见疾病有肾盂肾炎、肾积脓等。应注意的是尿液搁置过久,也会变得混浊,经常见到的钙质沉积笼底板或地面,并有红色尿液可见,这都是正常现象。尿液颜色与饮水、饲料种类有关系,服用了某些药物也会改变尿液颜色。所以,必须把病态尿和一般尿液颜色变化加以区别。

粪便湿烂、量多,呈堆状或长条状,带有酸臭味,多因过食精料引起,应减少或停喂精料,增喂青粗饲料。粪粒变软、增大,相互粘连,呈黑色或草绿色,由青饲料喂量过多引起,应适当减少青绿多汁饲料,增喂精、粗饲料。粪便稀薄,似粥状,多由冬季寒风侵袭、夏季兔舍过潮或吃了带有露水、雨水或变质、不洁的饲料引起。粪便干硬,粪粒大小不均或成串,若粪内有兔毛,多为毛球病;粪便坚硬,表面发黑,排粪困难或停止排粪,多为便秘,此类病应疏通肠道、促进排粪。粪便先干硬,后水样,或干硬与水样交替发生,有时带有血液,多为急性球虫病;胶冻样黏液性稀便或带有明胶黏液、两端尖的鼠粪状粪便,多为急、慢性大肠感染;粪便水样、恶臭,呈灰白色或浅黄色,多为沙门氏杆菌感染;粪便稀薄如水,混有泡沫性黏液或血液,并有特殊的腥臭味,多是魏氏梭菌感染。

二摸:摸兔的肥瘦,腹部有无肿块,脉搏是否正常。肥兔背肉圆厚,瘦兔脊椎骨突出。脉搏可用手掌托在兔左腋下检查,健康成年兔每分钟 80～100 次,幼兔每分钟 100～150 次。健康家兔的皮肤柔软有弹性,被毛光泽平整,紧贴身躯;病兔被毛粗乱无光,污浊不洁。健康家兔(如白兔)耳色粉红,手握有温暖感,耳内无垢物,耳尖耳背无癣痂。若耳色过红即为发热,耳色灰白表示血亏,耳色青紫或耳温过低,可能患有重病。

三听:听兔的呼吸是否正常,有无杂音。健康兔每分钟呼吸次数为 20～40 次,成年兔为 20 次,幼兔为 40 次。

四测:即测兔的体温是否正常。兔的正常体温为 38℃～39℃,仔兔略高,老兔略低。检查体温时,可用人体温度计放在家兔前脚夹间,把家兔抱住,3 分钟即可。若家兔体温高于正常体温,多发生炎性疾病如急性传染病;若体温低于正常体温,可能是营养不良、贫血病诱发所致。

31. 不同的症状可揭示何种兔病?

(1)皮肤综合征

①**皮肤炎**　外寄生虫(兔痒螨、兔疥螨和耳螨、大腹兔虱);溃疡性皮肤炎(脚皮炎、咬伤、湿性皮炎);细菌性皮肤炎(多杀性巴氏杆菌结膜炎、兔密螺旋体病、金黄色葡萄球菌感染、绿脓杆菌感染、坏死杆菌感染、棒状杆菌属感染);皮霉菌病(须发癣霉);新液瘤病;兔痘。

②**皮肤或皮下肿胀**　脓肿(多杀性巴氏杆菌、金黄色葡萄球菌);乳腺(乳腺炎、乳腺肿瘤);寄生虫(蝇蛆病、连续多头蚴包囊);肿瘤形成(纤维瘤、乳头状瘤、淋巴肉瘤、乳腺腺癌、皮肤癌);血肿。

③**脱毛**　拔毛(造窝、食毛癖、人为原因);摩擦或抓挠(笼养、瘙痒应答反应);遗传性无毛(稀毛症);皮霉菌病;季节性换毛。

(2)胃肠道综合征

①**腹泻**　非特异性肠病;肠球虫病;黏液样肠病;细菌性肠炎(沙门杆菌病、绿脓杆菌感染、大肠杆菌病、泰泽氏病)。

②**流涎或肉垂变湿**　咬合不正;口炎;腹痛。

③**腹部下垂**　非特异性肠病;肝球虫病;乳腺炎所致;肥胖症。

④**饮欲增强**　泌乳;热应激;热性病;肠病;糖尿病或尿崩病。

⑤**便秘**　胃毛球病;肠病;食欲减退;肥大性幽门狭窄。

⑥**食欲减退**　咬合不正;发病或痛苦;饮水不足;热应激;饲料适口性差。

(3)呼吸道综合征

①**鼻液**　鼻炎(多杀性巴氏杆菌病、支气管败血波氏杆菌病);支气管肺炎;冷应激;变态反应;黏液瘤病;兔痘。

②呼吸困难　热应激;肺炎(多杀性巴氏杆菌、金黄色葡萄球菌、支气管败血波氏杆菌、绿脓杆菌);妊娠毒血症;脓胸。

③结膜炎　多杀性巴氏杆菌;尘埃刺激或创伤;黏液瘤病;兔痘;沙门氏菌病;衣原体病。

(4)生殖系统综合征

①不孕　不成熟或衰老;环境恶劣(嘈杂、热应激、拥挤);交配不当;细菌或病毒感染(子宫内膜炎、子宫蓄脓、睾丸炎、梅毒);子宫内膜病或子宫内膜增生;子宫腺癌;营养缺乏;饲料中含有雌激素;假妊娠。

②阴道溢液　正常尿液;子宫腺癌;子宫蓄脓;流产。

③出生前死亡　饲料或饮水中含有硝酸盐;妊娠毒血症;营养不良;先天性畸形;环境嘈杂;子宫腺癌;传染病(巴氏杆菌病、李氏杆菌病、沙门氏菌病、衣原体感染);产前 17 天子宫受压;产前17～23 天抓捉损伤;兔群拥挤。

④遗弃同窝仔兔或同类相残　母兔不适应;环境干扰;泌乳缺乏(胃毛球病、咬合不正、食欲减退、乳腺炎、采食或饮水减少);造窝原料不足;畸形仔兔;饮欲增强;营养不良;同窝分裂。

(5)神经系统综合征

①斜颈　内耳炎;脑炎(多杀性巴氏杆菌、支气管败血波氏杆菌、柱状蛔虫、脑原虫、李氏杆菌)。

②运动失调或惊厥　创伤;内耳炎;脑炎;中毒(杀虫剂;化肥);妊娠毒血症;濒死现象;先天性畸形;镁缺乏症。

③肌肉无力、轻瘫或全瘫　脊椎脱位或骨折;先天性畸形("八"字脚复合征;共济失调);营养不良;肉孢子虫病所致。

(6)其他综合征

①体重减轻　咬合不正;胃毛球病;营养缺乏;慢性病(巴氏杆菌病、球虫病、肿瘤、伪结核病、沙门氏菌病、李氏杆菌病);外寄生虫病;动脉硬化。

②突然死亡 寒冷或热应激;败血症或毒血症(沙门氏菌病、巴氏杆菌病、土拉杆菌病、肠毒血症、泰泽氏病);妊娠毒血症;饥饿或脱水;慢性病;遗弃同窝仔兔;先天性畸形;刨伤;黏液瘤病;淋巴肉瘤;兔痘。

③贫血 大腹兔虱;淋巴肉瘤;遗传性畸形;慢性消耗性病;营养缺乏。

32. 家兔腹胀、便秘治疗方法有哪些?

(1)腹胀 ①穿心莲2～4片＋庆大霉素注射液8万单位,口服,腹胀严重的2小时后再口服穿心莲2～4片,每天2～3次,连用2～3天,幼兔减半,治疗鼓胀性腹泻。②将大蒜捣烂加醋适量,过滤取汁,成年兔每次10～15毫升,同时口服多酶片2～4片,每天2次,幼兔减半,治疗消化不良引起的腹胀。③胃复安(甲氧氯普胺)3片＋消胀片(二甲基硅油)4片,口服,每天2次,连用1～2天,治疗胃肠臌气。④10%鱼石脂溶液5～10毫升,一次性口服,每天2次,连用2天,治疗胃积食引起的腹胀和消化不良。⑤胃复安注射液1毫升＋庆大霉素注射液8万单位,联合肌注,同时口服食母生4～6片,每天2次,治疗顽固性腹胀引起的便秘或腹泻。⑥大黄苏打片2片＋食母生4～6片,口服,成年兔每天2次,幼兔减半,治疗腹胀。⑦木香顺气丸10～20粒＋多酶片2～4片,一次口服,每日2次,连用3天,治疗腹胀。⑧藿香正气水5毫升＋仁丹3～5粒,一次口服,每日2次,连用3天,治疗腹胀。

(2)便秘 ①植物油10～15毫升,缓缓灌服,或蜂蜜10～15毫升灌服,每天2次,幼兔减半。②从兔子肛门内注入开塞露2～3毫升。③人工盐6克＋大黄苏打片4片,口服。④果导片2～3片,同时口服蜂蜜10毫升。⑤番泻叶或牵牛花6克,煎水内服,每日1次,每次5～10毫升,连用2天。⑥饱和盐水5毫升,对盲肠进行一次性注射,供给足够清洁饮水,治疗盲肠秘结。⑦牵牛花藤15克,喂服,同时饲喂鲜红薯秧,连喂2天。⑧治疗兔便秘验方"大承气汤"。配方:大黄12克、厚朴15克、枳实12克、芒硝9克、水1 200毫升。先煎厚朴、枳实,取800毫升去渣,加入大黄再煮,取400毫升去渣,最后加入芒硝,用微火煮沸,使芒硝溶化,即成"大承气汤"。初期便秘每日2次,每次5～10毫升,顽固性便秘,每次10～15毫升,通便后立即停服。用此法治疗毛球病和积食,效果也很好。

33. 兔腹泻性疾病的发病原因有哪些?

导致兔腹泻的原因一般有以下3种:

一是感染具有致病力的球虫(肠球虫、梨形艾美尔球虫、淡黄色球虫为强致病力,大型和中型球虫为中等致病力球虫)。

二是机会致病菌(魏氏梭菌、螺形梭菌、毛样杆菌、沙门氏菌、克雷伯氏菌等)在肠道内增殖。

三是肠道活力的强大抑制(蠕动和逆蠕动能力)。

34. 引起兔腹泻的传染病有哪些?

(1)兔轮状病毒性腹泻 轮状病毒是我国幼兔腹泻的重要病因之一。兔轮状病毒性腹泻也是目前世界上规模化兔业生产的重要腹泻疾病之一。

兔轮状病毒性腹泻是一种地方流行性疾病,在家兔和野兔群中感染很普遍。该病主要侵害幼兔,尤其是断奶幼兔,成年兔一般呈隐性感染。幼兔感染后发病突然,传播迅速,出现半液状和液状腹泻,粪便呈淡黄色,含黏液,病后2～6天脱水死亡,病死率48.5%～60%,有的甚至高达80%。病变仅限于小肠,最显著的是回肠段。肠黏膜正常或充血,极易脱落,肠管胀满,回肠和盲肠内含大量稀薄的内容物,其他脏器无明显变化。防治上应立足于增强幼兔肠道的防御机能,主要在于提高局部的免疫能力。可用兔轮状病毒细胞灭活苗,对 20～30 日龄幼兔肌内注射 1 毫升,4～7 天后免疫,免疫期达 5 个月。兔感染发病后,要防止细菌感染,配合抗生素或合成抗菌药物治疗,采用对症疗法,止泻、补液、防止酸中毒,可引起缩短病程、减少死亡的作用。

(2)兔流行性小肠结肠炎 该病可引起广泛的传播,主要表现水样腹泻,食欲不振,精神沉郁,体温正常,腹部鼓胀,肛门有水样粪便,死亡率达 30%～80%。病变局限于消化道,整个胃肠道充满液体,大部分病例在结肠内含有大量半透明的黏液,其他脏器未见病变。病理组织学检查为间质性肺炎及小肠黏膜的炎性病变,小肠黏膜上皮细胞及肠腺细胞坏死,黏液过度分泌,肠腺嗜酸性细胞增生。目前有关本病的病因尚不清楚。有人将兔肠内容物及肺匀浆,经除菌过滤后,人工口、鼻感染易感家兔,可复制出典型病例,初步拟为病毒性疾病。但由于未分离到病毒,故无有效的防制方法,该病很可能会在世界更大范围内传播。因此,应引起高度注意。

(3)兔沙门氏菌性腹泻 兔沙门氏菌在我国和世界各国养兔场均有存在,尤其是在饲养管理不良的情况下最易发生,往往突然暴发,短时间内即有大批兔死亡,对养兔业危害很大。其特征是败血症、胃肠炎和流产,以幼兔和妊娠母兔发病率和死亡率最高。该病在发病初期,有些患兔突然死亡,有的突然腹泻,排出绿色和清稀粪。病程稍长者,体温达 41℃并有腹泻,也有不出现腹泻而体温升高者,体温下降后妊娠母兔常流产,并发生死亡。病程 7～10天,幼兔 2～3 天。腹泻死兔可见肠道黏膜充血、出血,黏膜下层水肿,肠淋巴滤泡有灶性坏死区及溃疡,圆小囊和盲肠蚓突黏膜有灰白色结节,脾脏显著肿大,肝脏有弥漫性坏死灶,胆囊坏死。对此病防制必须从加强饲养管理和环境卫生入手进行预防,菌苗接种是次要的预防方法,发病早期使用新霉素、庆大霉素和四环素族的抗生素,并结合对症疗法可收到较好的效果。

(4)兔毛样芽胞杆菌性腹泻 又称泰泽氏病,是以严重腹泻、脱水和迅速死亡为特征的一种兔及其他多种动物急性传染病。由于本病死亡率极高,给养兔业造成莫大的威胁。我国北方一般发生在秋末到翌年春初。家兔突发剧烈腹泻,次数频繁,粪便呈褐色糯糊状或水样,但临死前 12～48 小时停止腹泻,病程 1～3 天,最快 12 小时,较慢的 5～8 天或更长时间。剖检,回肠、盲肠、结肠浆膜和黏膜充血、出血,黏膜有坏死灶,盲肠水肿,部分黏膜面沾有粪便,肝肿大,呈弥漫性肝坏死,脾萎缩,心肌有灶性坏死,肠系膜淋巴结肿大。目前尚无有效治疗方法。关于抗生素的治疗效果,现有的报道结果不一,但从有些研究者使用情况来看,四环素族抗生素对本病的控制是有益的。定期检疫、淘汰处理阳性兔,可达到净化兔群的目的。

(5)兔梭菌性腹泻 A 型产气荚膜杆菌是我国许多地区兔水样腹泻和突然死亡的一种重要病因。不同年龄、性别、品种对本病均有易感性,一般 1～3 月龄仔兔多发,病程 1～3 天,群发病率可达 60％以上,致死率可达 100％。主要病变为胃黏膜脱落,有黑色溃疡,小肠扩张,充满气体,黏膜有弥漫性充血和出血。防制本病应加强饲养管理,注意饲料构成,特别是高能量、高蛋白的精饲料比例不能过高。常发地区应对兔群进行 A 型产气荚膜杆菌灭活菌苗的免疫接种,每年 2 次。药物治疗效果不明显。但早期使用 A 型产气荚膜杆菌高免血清,配合补液、消炎有较好的效果。

(6)兔螺形梭菌性腹泻 螺形梭菌能产生 Lota 毒素,可使盲肠细胞变性和脱落,发生出血性肠炎,致幼兔死亡;也可通过使用氯林可霉素导致正常肠道菌丛紊乱,引起成年家兔发病。在自然条件下,本病能使家兔和野兔感染发病,死亡率甚高,对刚断奶的幼兔威胁极大,但至今没有很好的防治办法。据报道,该菌对万古霉素敏感,有些学者用咪唑制剂治疗螺形梭菌腹泻,尽管不能完全消灭本病,但在兔场内使用罗硝唑等药物都是有效的。有人试验证明,只要 250 毫克/千克或稍多些的铜,就能抑制螺形梭菌生长及其毒素产生。

(7)兔克雷伯氏菌性腹泻 克雷伯氏菌主要引起青、成年兔呼吸道炎症和肺炎,也可致幼兔腹泻,一般常为散发。通常幼兔表现精神委顿,大便清稀,呈黄褐色,渐进性消瘦而死,病程 1～5 天。患兔早期使用诺氟沙星、环丙沙星有较好的疗效,后期一般疗效不佳。由于本病尚无特异性的防治方法,平时应加强环境卫生,防止水源和饲料污染,做好防鼠、灭鼠工作。一旦发现病兔和可疑兔,应立即隔离治疗,以防疫病扩散。排泄物、污物、兔笼和用具应及时消毒。

(8)兔嗜水气单胞杆菌性腹泻 死亡家兔主要病变为肠道出血严重,特别是盲肠,整个盲肠的浆膜和黏膜层呈弥漫性出血,肝、肾有不同程度的淤血、肿胀等炎性变化,心包积液,心肌出血,肺淤血、肿胀,腹膜发炎,腹水增多。药敏实验表明,庆大霉素高敏,其次是妥布霉素、增效磺胺及链霉素,而对青霉素则耐药。目前本病在国内外的危害和分布尚不清楚,其重要性还需进一步研究。

(9)兔绿脓杆菌性腹泻 兔绿脓杆菌可引起出血性肠炎、肺水肿和脓毒败血症,对兔有一定的危害,多呈散发性流行,在兔腹泻病因中,仅占次要地位。患兔主要表现为废食、体温升高、腹泻带血和胶冻样黏液,在出现腹泻 24 小时左右死亡。感染兔的创口红肿,有淡绿色分泌物。在防治上,要严防外伤和手术感染。一旦发生本病,应对患兔隔离治疗,早期使用丁胺卡那霉素、多黏菌素 B、利福平、磷霉素钙、庆大霉素等敏感抗生素,配合多价抗血清(0.2～0.4 毫升/千克体重)能有效控制该病。

(10)兔衣原体性腹泻 幼兔感染衣原体后,表现消瘦、水泻和迅速死亡。成年兔则呈渐进性消瘦，妊娠母兔流产和死胎。尸体剖检可见结膜炎、肺炎、恶病质和黏液性肠炎，肠系膜淋巴结肿大，脾萎缩，胃和上部肠道常充满液体，偶有气体，结肠内常含有大量清朗、黏性、黏液样物质。发现疑似本病应及时进行检疫，可在饲料中添加四环素族抗生素定期饲喂，进行群体预防。

35. 引起兔腹泻的寄生虫性疾病有哪些？

（1）兔艾美尔球虫性腹泻 又称兔球虫病。该病是世界范围内的疫病，在幼兔腹泻病因中占有重要地位。不同年龄的兔均可感染，1～4月龄兔最易感，发病率高、断奶前即高达100％受到感染，饲料的转化率降低7％～10％，病兔体重减轻12％～27％，生产性能下降，幼兔死亡率一般可达40％～70％，生长发育受阻，造成很大的经济损失，严重危害养兔业的发展。兔球虫病的病原是艾美尔属球虫，据文献记载有15种，我国除黄色、雕斑艾美尔球虫外，在不同地区已发现13种，临床上分为肝型、肠型和混合型，以虚弱、消瘦、贫血、腹胀和腹泻为主要特征。危害程度与球虫的种类和感染状况有关。目前球虫病主要靠药物来防治。鉴于我国长期使用的氯苯胍、磺胺类药、呋喃类药易产生抗药性，防治效果不理想，迄今应用较广、效果较好的药物有氯嗪苯乙氰（杀球灵）、莫能菌素。为防止抗药性的产生，最好是几种药物交替使用，不宜长期使用单一药物。此外，加强饲养管理，实行笼养，分群饲养，分开大小兔，合理安排母兔的繁殖季节，幼兔断奶应避开梅雨季节以及定期消毒兔笼、食槽、水槽，均有利于减少兔球虫病的传播机会。

（2）兔线虫性腹泻 兔线虫性腹泻一般呈地方性，多为散发。当兔被毛首线虫、兔东北韦线虫、乳突类原线虫等线虫严重感染时，可出现消瘦、腹泻、幼兔生长停滞。对该病的防治要采取综合性措施。在常发地区对病兔群可用四咪唑或杀螨驱线虫药伊维菌素或阿维菌素驱虫,间隔 2～3 周重复驱虫 1 次。平时注意笼具、用具和环境的清洁卫生和消毒,防止饲料和环境的污染,兔粪要进行生物热处理,发生肠炎时可服消炎、收敛药。

36. 引起兔腹泻的其他因素有哪些?

兔饲养性腹泻:仔兔腹泻与饲养因素关系密切,饲料品质不良,突然或频繁更换饲料,或饲料中精、粗搭配不当,能量饲料含量过高,均可引起消化道内环境失调及正常微生物区系发生变化。当变化超过其生理限度时,则导致消化紊乱,发生腹泻。浙江农业大学韩剑众研究表明,当成年兔饲料中粗纤维含量小于 14.2%、可消化能含量大于 11.47 兆焦/千克时,可引起腹泻。

兔黏液性腹泻:又称黏液性肠炎、黏液性肠病等,是肠炎发生后,存活 1 周或更长时间的兔最常见的疾患。临床上以胶冻样粪便和脱水为特征。目前一般认为本病是兔的非特异性病变。本病常在大肠杆菌性、梭菌性和球虫性肠炎之后发生,但他们不是本病的原发性病因,只是起着继发性因素的作用,本病目前尚无有效方法进行防治。

37. 腹泻病的防治方法有哪些?

无论是暴发性还是积累性腹泻,停喂精料含量过高的日粮,加喂优质干草是首选措施;抗菌消炎:注射或口服抗生素,如庆大霉素、制菌磺、喹诺酮类、泰妙菌素、杆菌肽、阿布拉霉素等;营养支持:灌服多酶片、酊剂、乳酶生、葡萄糖、高能速补、补液盐等;口服或饮水,大剂量应用微生态制剂;饲料中添加酶制剂、酸制剂、低聚糖等。

常用方法如下:

方法1：诺氟沙星胶囊，口服，成年兔每次1粒，每天2次，连用1～2天，幼兔减半，治疗普通性腹泻。诺氟沙星胶囊1～2粒＋庆大霉素注射液8万～16万单位，口服，每天2次，连用1～3天，幼兔减半，治疗急性腹泻。

方法2：复方新诺明1～2片＋诺氟沙星胶囊1粒，口服，每天2次，连用3天，此法仅用于种兔，治疗顽固性腹泻。

方法3：硫酸丁胺卡那注射液10万单位＋食母生4片＋维生素B_1 2片＋谷维素2片，口服，每天2次，连用3～5天，幼兔减半，治疗消化不良引起的腹泻。

方法4：链霉素40万单位＋5%葡萄糖注射液10毫升，腹腔注射，每日1次，连用3天，治疗黏液性腹泻。

方法5：3%～5%葡萄糖粉＋1‰维生素C原粉＋黄芪多糖（或板蓝根）＋活力速（按说明用量加倍），饮水，连用5～7天，治疗中毒引起的腹泻。

方法6：益生素＋电解多维饮水（按照说明用量加倍），调节因使用抗生素造成消化道内环境菌群失调引起的腹泻。

方法7：大蒜去皮捣烂，1份大蒜加3份水，病兔每次5～10毫升，也可将大蒜拌入饲料中，连用5～7天，治疗球虫病和沙门氏菌病引起的腹泻。

方法8：黄芪多糖＋环丙沙星原粉饮水，连用3～5天，对魏氏梭菌肠炎早期治疗有效。

方法9：用土霉素、红霉素、四环素、金霉素（以上皆为原粉），连用3～5天，对泰泽氏病早期治疗有效。

方法10：葡萄糖3克（加水4毫升）＋高能速补0.5毫升＋兔肠菌康0.5毫升，口服，每次3～5毫升，每日1～2次，连用3～5天，治疗仔兔黄尿病（哺乳母兔乳房炎引起仔兔腹泻）。

38. 如何鉴别兔螨病、脱毛癣、中耳炎？

(1)发病原因　①兔螨病常因带病兔传染而致病,特别是散养兔群传染快。兔舍兔笼潮湿、污染严重,极易发生本病。仔、幼兔患本病的原因,多数由于产仔箱内垫物长时间不更换,造成产箱受兔尿、兔粪污染而诱发。螨病的发生不分品种、不分年龄和季节性。②脱毛癣的病因是兔舍内高温、极度潮湿、污秽,兔舍由禽舍、猪舍等旧养殖场舍改用的,极易发生本病。20～90日龄的仔、幼兔以及寄养的仔、幼兔常发生,中兔发病率较高。③兔中耳炎多因兔舍内环境污染,通过扫地、通风等,使带菌的尘土落入耳内诱发。也有的继发于感冒、传染性鼻炎等。在中老龄兔群里多见。

(2)病原　兔螨病是痒螨、疥螨等兔螨寄生于兔的皮肉,以吸吮皮肤渗出液而发生的外寄生性皮肤病。脱毛癣是因毛癣霉属或小孢霉属真菌所致的一种传染性皮肤病,为人兽共患病。中耳炎由巴氏杆菌和化脓性葡萄球菌混合感染而致,不属人兽共患病。

(3)临床症状　①兔螨病按发病部位分为足螨、耳螨、身螨。病初毛根发红、痒,形成麦麸状白皮,患兔常用爪抓患部,其皮肤脱毛变为痂皮,最后形成硬块,病程长达数十日,患部扩大变为溃疡时可导致死亡。②脱毛癣多从头部开始后蔓延至全身,也有的病例从身上某一部位发病。病变部位呈现不规则的块状或圆形脱毛,也有断落脱毛的。患部皮肤呈灰色,以被覆珍珠灰闪光鳞屑的突毛斑为特征。③中耳炎为耳道内发炎,分单侧、双侧性。初期有少量痂皮,继而痂皮增多,塞满耳道,化脓。严重病例化脓、穿孔,并发脑膜炎而死亡。

(4)鉴别诊断要点　螨病患兔的患部脱毛,有麸皮状白皮屑,痂皮硬块,有渗出液。耳螨的痂皮在耳壳上,与中耳炎痂皮在耳道内有根本区别。兔螨与脱毛癣不同处是,脱毛部位有白麸皮状,硬痂发痒有渗出液;脱毛癣患兔表现为脱毛,皮肤充血,毛囊周围发炎,无硬痂皮,刮取患部皮屑镜检可见菌丝和孢子。中耳炎患兔的耳道化脓,无硬痂皮,无渗出物,痂皮在耳道内,不在耳壳;而耳螨的痂皮在耳壳上,不在耳道内,并有螨虫。

39. 引起家兔猝死的疾病有哪些?

引起家兔猝死的疾病主要有兔瘟、巴氏杆菌病、魏氏梭菌病、大肠杆菌病、副伤寒、球虫病等。

(1) **从猝死特点上看** 如果家兔突发惊厥、蹦跳、倒地抽搐,在鸣叫或惨叫声中死去,可怀疑为兔瘟或球虫病。如果家兔死在舍内,或在捕捉、驱赶运动后突然死亡,其他家兔有发生中耳炎、阴道炎、睾丸炎、结膜炎、鼻炎、肺炎等症状的,则可怀疑为巴氏杆菌病。如果家兔在发病当日或次日死亡,死前精神沉郁,食欲废绝,急剧腹泻,排出水样粪便,粪便有特殊的腥臭气味,则可怀疑为魏氏梭菌病。如果是在发病后1~2天内死亡,死前表现精神沉郁,食欲不振,腹鼓胀,四肢发冷,磨牙流涎,粪便细小,外包透明胶冻样黏液,甚至呈现出水样腹泻的,则可怀疑为大肠杆菌病。如果妊娠母兔在流产后死去,死前腹泻,粪便带有黏液和气泡,食欲废绝,流产的胎儿水肿且很快死亡,则可怀疑为副伤寒。

(2) **从猝死季节上看** 在多雨、闷热、潮湿的夏季,引发家兔猝死主要有巴氏杆菌病、球虫病。而在冬、春气候多变季节,引发家兔猝死主要是魏氏梭菌病。兔瘟、兔副伤寒、兔大肠杆菌病引起的猝死没有明显的季节性。

(3) **从猝死年龄上看** 主要是3月龄以上的青壮年兔猝死,且膘情越好,发病率和死亡率越高的,极有可能是兔瘟。1~3月龄幼兔发病率最高、猝死最多的,多是魏氏梭菌病。主要侵害20日龄以及断奶前后的小兔,成年兔很少发病的,多是大肠杆菌病。多发生于妊娠 25 天以上的母兔,其他兔很少发病死亡的,多是副伤寒。如果主要发生于 20～60 日龄的幼兔,但同时成年家兔有腹泻、腹部肿胀、贫血、消瘦等症状的,多为球虫病。巴氏杆菌病导致的猝死,没有明显的年龄界限,需从其他特征上进行鉴别判断。

(4)从剖检特征上看 若以出血为主要特征,病死兔从鼻孔到肺脏都充满血性黏液或血液,心脏、肝脏、肾脏、淋巴结以及胃肠道内布满出血点,肯定是患了兔瘟。若内脏器官肿大、出血,有明显的脓肿,胸腔积液较多,应主要怀疑巴氏杆菌病。若主要表现为消化道出血、溃疡,如胃底黏膜脱落,有大小不一的溃疡灶,肠黏膜弥漫性出血,小肠充满气体,肠壁薄而透明,盲肠和结肠内充满气体和黑绿色稀薄内容物,有腐败气味的,则主要应怀疑是魏氏梭菌病。若胃肠道内液体、气体特别多,胃膨大,充满液体和气体,胃黏膜有出血点,十二指肠充满气体,黏液中混有胆汁。肠道内充满半透明胶冻样液体,伴有较多的气泡,黏膜和浆膜充血、出血、水肿,则应主要怀疑大肠杆菌病。若胸腔、腹腔内有出血点,有多量浆液性或纤维素性渗出物,生殖道黏膜出血、溃疡或有脓汁,肝脏有针尖大小灰白色坏死灶,特别是盲肠蚓突黏膜有淡灰色、粟粒大的弥漫性病变,则很有可能是兔副伤寒。若死亡有急有慢,急性猝死者肝脏表面和内部有淡黄色或白色结节,粟粒大至豌豆大,切开后有浓稠液体流出,慢性死亡者肠道黏膜呈现出血性炎症,肠系膜淋巴结肿大,盲肠蚓突部有黄白色细小硬结节,则应怀疑是球虫病。

(5)从用药效果上看 使用抗生素、磺胺类药物、喹诺酮类等药物后,能控制疫情、明显减少死亡的,可能是细菌性疾病,如巴氏杆菌病、魏氏梭菌病、大肠杆菌病、副伤寒等。使用氯苯胍、氨丙啉、球虫净等药物有效的,可能是球虫病。使用任何药物几乎没什么效果的,则应怀疑是兔瘟等病毒性疾病。

40. 引起兔肝脏发生病变的疾病有哪些?

(1)病因 细菌性传染病可见兔巴氏杆菌病、兔魏氏梭菌病、兔波氏杆菌病、野兔热、兔李氏杆菌病、兔肺炎球菌病、兔链球菌病、兔坏死杆菌病、兔结核病、兔伪结核病、兔沙门氏菌病、兔大肠杆菌病、兔泰泽氏病、兔葡萄球菌病等;病毒性传染病如兔瘟、兔痘;寄生虫病如球虫病、弓形虫病、肝毛细虫病、肝片吸虫病、日本血吸虫病、囊尾蚴病;维生素缺乏如胆碱缺乏症;食物中毒如霉菌中毒。

(2)肝脏变化的主要类型 肝脏色泽变化:肝呈暗红色,见于兔瘟;肝呈黄色,见于兔痘病;肝脏呈灰白色,见于兔泰泽氏病;肝呈黑红色,见于兔囊尾蚴病;肝呈淡黄色,见于兔霉菌中毒。肝脏形态病变:肝血肿,见于兔出血症;肝脏肿大,见于兔痘病、兔泰泽氏病、肝毛细线虫病、霉菌中毒、棉籽饼中毒;肝脏质地变脆,见于兔魏氏梭菌病、霉菌中毒;肝脏硬变,见于囊尾蚴病;胆囊肿大,见于兔瘟、兔沙门氏菌病、兔大肠杆菌病、肝片吸虫病;肝体缩小,见慢性球虫病。

某些疾病根据肝脏的病理变化即可确诊,如:肝脏有黄色条状和斑点状结节,并可见到不易剥离的纤细虫体,可确诊为肝毛细线虫病;肝脏呈黄红色,出现脂肪肝,胆管明显增生,肝细胞呈脂肪样变性,可确诊为兔胆碱缺乏症。

根据肝的病变可初步诊断的兔病,如:肝脏表面无肉眼可见的病灶,但肝颜色较淡,肝质地脆时,可初诊为兔魏氏梭菌病;肝脏表面有黄豆大的脓疱,可初诊为兔波氏杆菌病;如果肝的表面有大小不一的脓疱,可初诊为兔葡萄球菌病;肝表面和实质内有白色或淡黄色粟粒状结节或肝体积缩小时,可初诊为兔球虫病。

41. 病死兔剖检时有哪些注意事项?

(1)选好剖检场地 最好在室内剖检,既便于消毒,又不易污染周围环境。若在野外进行剖检,应该选择一个比较偏僻和远离河流或水源的地方,或在地面铺上塑料薄膜或厚硬纸,以免剖检时污染地面。待剖检结束后,将尸体连同垫物一起烧毁或深埋。在剖检过程中,不要使血液、渗出物、毛等随便散播。对剖检场地和解剖用的刀、剪必须消毒处理,防止病原微生物的扩散。可利用肉品须经高温处理,不能随便食用。

(2)剖检越早越好 病死兔的尸体应该在死后越早进行剖检越好,因为尸体放久后容易腐败,尤其在夏天,尸体会很快腐败,使原来的病变模糊不清,失去剖检意义。另外,剖检尸体不宜冰冻,因为经冰冻后,病理变化会失去真实性,会歪曲剖检的结果。剖检最好在白天的自然光下进行,可使尸体各部位的色泽不会发生视觉误差。主要病变在剖检病死兔时看到的病理变化,往往不可能与书籍上介绍的典型病变完全相同,在剖检时,必须抓住主要病变和特殊的病变,并且要尽量多剖检一些病死兔,可根据不同个体的病变加以比较,找出它们共同的规律,经过综合分析,才可做出准确诊断。

(3)与其他检查相结合 家兔发病是一个复杂的过程,对疾病的认识,不但要看局部,更要看全部。病死兔剖检是认识疾病和诊断疾病的一个依据,必须与流行病学调查、临床检查以及实验室检查等方法结合起来,全面地加以分析,才能做出准确的诊断,绝不能单凭剖检材料做出片面的结论。

42. 胸、腹腔的病理变化可反映哪些疾病?

(1)胸腔病理变化　　胸膜与肺、心包粘连,有化脓或有纤维素性渗出物时,提示兔患巴氏杆菌病、波氏杆菌病、葡萄球菌病和绿脓杆菌病等。

兔患巴氏杆菌病和波氏杆菌病时,其鼻腔和气管黏膜均充血、出血,有黏稠性分泌物,肺严重充血、出血、水肿。兔巴氏杆菌病常伴有皮下化脓病灶,心包积液,心肌出血,腹腔有纤维素性渗出物,肝脏表面有灰白色或浅黄色针尖大小的结节。波氏杆菌病常在肝脏表面呈现黄豆至蚕豆大的脓疱,脓疱内积有黏稠的乳白色或灰白色脓液。绿脓杆菌病除了胸腔内的病变外,胸腔、心包、腹腔常积有血样液体;胃、十二指肠、空肠黏膜出血;脾脏肿大,呈樱桃红色,表面有出血点。泰泽氏病表现心肌有白色条纹,心肌出血,且伴有坏死性盲肠炎。

(2)腹腔病理变化

①肝脏病变　　肝脏表面有灰白色或淡黄色结节。当结节为针尖大小时,则可能患沙门氏菌病、巴氏杆菌病、野兔热等。肝脏表面结节为绿豆大小时,如果出现肝肿大、硬化,胆管扩张,则提示为肝球虫病、肝片吸虫病。肝球虫病常在腹腔积有透明腹水;肝片吸虫病常表现皮下脂肪、肌肉黏膜黄染。

②脾脏病变　　脾肿大,且有大小不等的灰白色结节,结节切开有脓液或干酪样物质,提示伪结核病、沙门氏菌病。若还伴有阑尾肥厚、肿硬,提示伪结核病。

③肾脏病变　　肾充血、出血提示兔瘟;局部出现肿大、突出,似鱼肉样病变时,提示肾母细胞瘤、淋巴瘤等。

④胃肠病变　　胃肠黏膜充血、出血,有炎症、溃疡时,提示大肠杆菌病、魏氏梭菌病、巴氏杆菌病。若空肠、回肠、盲肠充满半透明

胶冻样液体或伴有黏液,且肝脏及心脏局部常有坏死病灶,可诊断为大肠杆菌病;若小肠、盲肠和结肠内充满气体,并有黑绿色稀薄内容物,同时伴有腐败气味,则诊断为魏氏梭菌病;肠壁有许多灰色小结节,提示为肠球虫病。

第二章 兔病毒性传染病

43. 兔瘟的发病特点有哪些？

本病又叫"兔病毒性出血症"，是由兔出血症病毒引起的兔的急性、热性、败血性传染病，以发病率高和致死性极强、实质器官出血为特征。本病为世界性的传染病，1984 年在我国首次发现。在没有发生过的国家和地区常呈暴发性流行，给养兔业造成极大的经济损失。

(1)病原　兔出血症病毒主要存在于病兔的血液、胸腹水、各脏器组织、分泌物、排泄物中，以肝、脾、肺、肾及血液含毒量最高。其对外界环境抵抗力很强，对环境的各种物理因素(紫外线、干燥等)的影响有较强的稳定性，能耐受 pH 值 3 和 50℃ 1 小时，4℃条件下能存活 225 天，室温下沾在干燥衣服上的病毒能存活 105 天，低温下也能保持其感染性。该病毒对消毒剂的抵抗力较强，1%的漂白粉作用 2～3 小时、2%甲醛溶液作用 2.5 小时、1%氢氧化钠溶液作用 3.5 小时可完全杀死病毒，0.2%～0.5%β-丙内酯在 4℃也可以杀死病毒，但是不能改变病毒的免疫原性。

(2)发病特点　本病毒只侵袭家兔和野兔，各品种和不同性别的兔均易感，长毛兔易感性高于肉兔，2 个月以内的幼兔不易感，青年兔和成年兔易感性高。感染成年兔的发病率可达 90%～100%，致死率为 95%～100%。病毒对其他家畜无易感性，人工感染各种动物均不发病。在易感兔群中常呈暴发性流行，在已发生过的、免疫后期的兔群中则呈散发性流行。没有季节性，一年四季都可流行,但北方仍以冬、春季发病较多,可能与气候寒冷、饲料单一、机体抵抗力下降有关。目前兔瘟发生的趋势越来越低龄化,即青年兔与成年兔为发病的主体,但发病年龄趋于低龄化,最早33日龄即可发病,临床症状和解剖变化不一样,其中群发和散发均有,以零星散发为主,许多注射过疫苗的兔也可发病。

病兔和带毒兔、病死兔的内脏器官、毛皮、血液、分泌物、排泄物是主要的传染源;被其污染的饲料、饲草、饮水、用具以及往来的车辆、人员是主要传播媒介;犬、猫、野鼠、鸟类、昆虫类的活动也能机械地传播;饲养管理人员、兽医、外来人员的衣服、鞋帽也能间接接触传播,引种或兔的交流均可引起本病的传播。

本病的主要传播途径是消化道、呼吸道、伤口、黏膜。疫病防治消毒不严,也可起一定的传播作用。

44. 兔瘟的主要症状和病理变化有哪些?

(1)临床症状 兔瘟自然感染的潜伏期为 1~5 天。病程为数小时至 36 小时,一般为 6~12 小时。根据临床症状可分为最急性型、急性型、慢性型(亚急性型)。最急性型常发生于首次流行该病地区的高度易感兔;急性型多呈地方流行性;慢性型在流行后期由少数急性型病兔转来。

①最急性型 主要见于流行初期和来自非疫区的家兔。多在夜间或采食中,病兔无任何症状而尖叫几声突然死亡;或在死前出现抽搐、角弓反张、昏迷后死亡;或在死前出现短暂的兴奋,突然倒地,四肢呈游泳状划动,继而死亡;体温升高 41℃ 以上;典型病例可见鼻孔流出带泡沫的鲜血,可视黏膜发绀,肛门松弛,个别可见阴门流血。

②急性型 多见于流行高峰期,也即流行中期。体温升高至 40.5℃~41℃,食欲不振或废绝,精神沉郁,被毛粗乱,饮欲增加,

迅速消瘦,呼吸促迫(140 次/分),呼吸时身体前后抽动,可视黏膜皮肤发绀,耳壳红而热,心跳 120 次/分。有些病兔死前表现短时兴奋,在笼内不安,咬笼,打滚,全身颤抖,挣扎,倒向一侧四肢划动,惨叫而死,死时病兔瘫软,鼻孔流出白色或淡红色的黏液。一般出现症状后 6～8 小时死亡,死亡率几乎可达 100%。目前主要见于散养户中未进行接种疫苗的兔群。

③慢性型　多见于老疫区或流行后期的病兔,或者 2 月龄内的幼兔。潜伏期、病程均较长,病兔体温升高,精神不振,消瘦,皮干毛燥,食欲极差,呼吸加快,有黄疸症状。一般很难耐过,多数最终消瘦衰弱而死。耐过的也生长发育不良,常常成为带毒兔,污染环境,成为传染源。

④沉郁型　浑身瘫软,头触地,似皮袋。

(2)病理变化　以各器官充血、出血、淤血和实质器官变性坏死为特征。对具有特征性的变化分器官分述如下。

①呼吸道　鼻孔、鼻腔、喉头黏膜呈现出不同程度的充血、出血,暗红色、弥漫状。气管黏膜呈弥漫状的鲜红或暗红色,血管呈树枝状,出现"红气管"外观。管腔内有大量白色或淡红色的泡沫状的黏液。肺表面和实质内有散在的出血斑,广泛性肺充血和肺水肿,呈现"花斑肺"外观。

②肝脏　明显淤血肿大,深红乃至紫红色,质脆易碎,切面外翻,有的由于脂肪变性和坏死,呈现出土黄色或淡黄色。淤血与脂肪变性交织在一起,呈现出"槟榔肝"外观。

③肾脏　肿大,弥漫性鲜红色或暗红色,呈"大红肾"外观。在肾皮质部可见整齐分布的小红点,为肾小球。淤血区与变性区相间,呈现出花斑样外观。

④脾脏　淤血肿大,呈暗紫红色,被膜紧张,切面质脆易碎,结构模糊,髓质易于刮下。

⑤心脏　心肌变性,质地柔软,内外膜有出血点,心腔扩张淤

血,充满大量血凝块,心室壁变薄。

⑥淋巴结　肿大、出血、充血。被膜紧张,切面呈红白相间的大理石花纹,有的呈红色。

⑦消化道　主要是整个消化道的浆膜、黏膜出现充血、出血现象,散在有大量的出血点。胃肠道积留有大量的内容物,直肠黏膜充血,有大量的胶状黏液。

45. 兔瘟免疫效果不理想的原因有哪些?

35～40 日龄用兔瘟单联苗进行首免,每只皮下注射 2 毫升;60 日龄或首免 20 天进行二免,注射 1 毫升,以后每隔 4 个月注射 1 次。

兔群发生兔瘟后,应对未表现临床症状兔进行兔瘟疫苗紧急接种,剂量 3 毫升,一兔用一针头,3 天内正常死亡,3～7 天少量死亡,7 天后基本控制。

生产中常出现兔瘟疫苗免疫效果不理想的现象,原因一般如下:

一是免疫程序问题。一些养殖户仍沿用传统的免疫程序,即断奶后注射 1 次,直到出栏或宰杀(3～5 月龄)。据报道,注射一次疫苗到 80 日龄,兔机体已不能抵抗兔瘟病毒的感染,因此必须进行第二次免疫。

二是免疫时间问题。应采用抗体监测手段,根据母源抗体水平决定免疫时机。

三是疫苗质量问题。要用有正规批号、信誉高的厂家疫苗。

四是疫苗保存问题。要注意疫苗保存环境的温度、光照,疫苗包装有无开口、裂缝、是否在保质期等。

五是注射方法问题。注射部位选择皮肤最松弛的地方,如颈后或胸前等肌肉和皮内影响免疫。

46. 兔水疱性口炎的发病特点、主要症状及病理变化有哪些?

(1)病原　本病是由水疱性口炎病毒引起的,以口腔黏膜发生水疱性炎症并大量流涎为特征的一种急性人兽共患传染病。病毒属于弹状病毒科、水疱性病毒属,主要存在于病兔的水疱液、水疱皮及局部淋巴结内,在 4℃时存活 30 天;-20℃时能长期存活;加热至 60℃及在阳光的作用下,很快失去毒力。

(2)发病特点　传染源为本病的患病动物,从其水疱液和唾液中排出病毒,污染环境而造成疫病扩散,传播方式为直接接触传播和间接接触传播。病毒经由损伤的皮肤和黏膜,或消化道途径侵入机体。昆虫起着重要的传播作用。蝇、虻、蚊等都是病毒的携带者,能在其体内增殖,再传给易感动物,因此疫情有明显的季节性,多发生于春、秋两季。家兔能以和患病兔同场、同群接触而发病,主要是饲草饲料、饮水被污染经消化道感染,特别是兔的口腔有损伤时更易感。

(3)临床症状　潜伏期 3～7 天,体温大部分正常,少数可升至41℃以上。初期口腔黏膜充血发红,继之在口腔的黏膜上出现许多针尖大小、充满清亮纤维素液的水疱,随后破溃形成烂斑和溃疡,同时有大量的唾液从口角处流出。使唇外、颌下、胸部被毛和前爪常被唾液弄湿,黏成一片,外生殖器有时也可见到溃疡,浸湿的皮肤、黏膜发生炎症和脱毛。全身症状为精神沉郁、体温高、食欲减退或废绝、消化不良、咀嚼困难,常伴有腹泻,日渐消瘦。病程拖延可产生一定的死亡率。

(4)病理变化　口腔黏膜有溃疡、糜烂,咽喉部有泡沫样黏液,唾液腺肿大发红。胃肠道黏膜有卡他性炎症。兔体十分消瘦。

47. 兔水疱性口炎的防控措施有哪些？

根据口腔水疱、流涎，主要是 3 月龄内的小兔发病，春、秋两季多发，结合口腔黏膜、舌和唇黏膜有小水疱和小脓疮等病理变化可做出初步诊断。应与化学刺激、粗硬饲草、有毒饲料引起的口炎相区别，确诊还需要进行实验室诊断。

本病目前还没有预防用的疫苗，预防需从加强卫生消毒入手。特别在春、秋两季要严格执行卫生防疫消毒制度，防止病原的传入。尤其要注意引种、人员出入消毒和防止昆虫、鸟类传播病原。周围发生疫情或本场有疫情时，要按预先制定的传染病扑灭方案执行。

治疗原则是卫生消毒、局部处理、预防继发感染和对症治疗。

卫生消毒：发现家兔流涎时，立即隔离病兔，用 2% 氢氧化钠热溶液消毒环境。

局部处理（口腔处理）：对所有 3 月龄内的小兔的口腔涂布碘甘油。先涂健康的，后涂发病的。病兔口腔也可涂布冰硼散（冰片 15 克、硼砂 150 克、朱砂 18 克共研细末）、青黛散（玄明粉 150 克、青黛 10 克、石膏 20 克、滑石 20 克、黄柏 10 克研成细末混合均匀。）、2% 硫酸铜溶液。

预防继发感染：在饲料中拌入磺胺类药物，如磺胺二甲嘧啶，100 毫克/千克体重，每日 1 次；吗啉胍（病毒灵，片剂，0.2 克）、维生素 B_1 片、维生素 B_2 片各 1 片，一次内服，连用 3 天；也可在饲草饲料中拌入中药如大青叶、板蓝根、金银花、连翘等具有抗病毒、细菌作用的中草药，对早日康复具有一定的作用。

对症治疗：可配合应用一些增进食欲的药物，健胃散、干酵母（食母生）、微生态制剂。发热可应用清热止痛消炎药，如安乃近片 0.3 克/只·次，拌料喂服。腹泻时应用肠道抗微生物药物，如磺胺脒片 0.3～0.5 克/只·次。

48. 如何防控兔轮状病毒感染？

本病是由轮状病毒引起的 1～2 月龄仔兔以水样腹泻和脱水为特征的传染病。成年兔多呈隐性感染。

(1)病原 兔轮状病毒属呼肠孤病毒科、轮状病毒属。病毒在 18℃～22℃条件下，经 7 个月仍有感染性，对乙醚、氯仿和去氧胆酸钠有抵抗力，耐酸、耐碱，在 pH 值 3～10 的条件下稳定。50℃ 30 分钟可使其灭活。

(2)发病特点 主要侵害 30～60 日龄的幼兔，尤其是刚断奶的幼兔，成年兔一般呈隐性感染。幼兔感染后，突然发病，在兔群中发病和流行。在地方流行的兔群中，往往发病率高、死亡率低。在没有其他病原存在时，病程表现温和，其感染和发病程度除与母源抗体及病毒株的致病力因素有关外，还与一些饲养管理因素有关。一般情况下母源抗体在 1 月龄时消失，2 月龄以上时兔感染病毒后血清中的抗体水平又回升，所以主要侵害 1～2 月龄的幼兔。成年兔呈隐性经过，但从体内向外排毒，所以一旦发病，很难清除，将会年年发病。

(3)临床症状 主要侵害 1～2 月龄的幼兔，突然发病，沉郁，水样腹泻，粪便呈浅黄色，含有黏液，甚至带血。病兔后肢的被毛都沾有粪便，多数幼兔于腹泻后 3 天左右死亡，死亡率 40%。若伴有细菌感染，死亡率更高，死亡的原因是脱水和电解质平衡紊乱。成年兔大多数不表现症状，仅有少数呈现出短暂的食欲不振和排软便。本病流行迅速，发病初期伴有低热。

(4)病理变化 可见小肠黏膜上皮细胞发生变性、坏死、黏膜脱落。小肠明显充血、膨胀，结肠淤血，盲肠扩张，含有大量的液体内容物。病程稍长者，有眼球下陷等脱水表现。

(5)防控措施　由于本病没有有效的疫苗,所以要加强饲养管理,搞好卫生,防寒保暖。结合平时的卫生防疫消毒制度,严防病毒传出和传入。

治疗应做好消毒隔离,可用高免血清进行对症治疗,补充体内水分和电解质平衡,增强机体抵抗力,使用收敛止泻剂,用抗生素防止细菌继发感染。

49. 兔痘的流行特点和主要临床症状有哪些?

本病是由兔痘病毒引起的家兔的一种急性、热性、高度接触性传染病。临床上以眼炎、皮肤红斑、丘疹及内脏器官发生结节性坏死为特征。

(1)病原　兔痘病毒属于痘病毒科、正痘病毒属,与牛痘病毒极为相似。病兔的肝、脾、肾、血液及其他分泌物中均含有病毒。抵抗力较强,在室温条件下可存活几个月,干燥的条件下可耐受100℃ 5～10分钟。但在潮湿条件下,60℃ 10分钟可被灭活。对常用消毒药有较强抵抗力,75％乙醇和0.05％高锰酸钾能在1小时内将其破坏,于−70℃可存活多年。

(2)流行特点　家兔的易感性高,自然状态下未见野兔发病,幼兔和妊娠母兔发病后死亡率高。病兔为主要传染源,鼻腔分泌物中含有大量的病毒,污染饲草饲料、笼具、兔舍等。通过呼吸道、消化道、皮肤黏膜的损伤为常见的传播途径。兔群一旦发病,传播极为迅速。常呈散发性和地方流行性,甚至采取综合的防疫措施也不能阻止本病在兔群的流行。康复兔无带毒现象。

(3)临床症状　主要表现在以下几个方面:

一是初期潜伏期较短,后期较长。一般为2～9天,有时可达2周。

二是全身症状。初期体温明显增高,呼吸困难,极度衰弱,畏光,共济失调,痉挛,眼球震颤,有时出现肌群麻痹。常常伴发支气管炎、喉炎、鼻炎和胃肠道的炎症,公兔睾丸炎和阴囊水肿,妊娠母兔发生流产、死胎等。病兔多因支气管肺炎于感染后 7～10 天死亡。成年兔的死亡率 10%～20%,幼兔可达 70%。有的兔呈急性经过,仅有发热、食欲废绝、眼睑炎、腹泻而无皮肤病变。

三是全身淋巴结肿大,特别是腘淋巴结和腹股沟淋巴结肿大,这是本病的特征性病变。

四是眼睛损伤。几乎所有病例都伴有眼睛损伤,表现为眼睑发炎、畏光流泪、有的为化脓性眼炎或弥漫性溃疡性角膜炎,后来可发展成为角膜穿孔、虹膜炎和虹膜睫状体炎。有时眼睛变化是唯一的症状。

五是痘疹。其是本病的特征性症状。首先在皮肤出现红斑性疹块,随后变为丘疹,最后变为脐状痘疱,干涸而形成痂皮。痘病变可出现于全身各处,但以皮薄毛少部位多见,如耳、唇、眼睑、躯干腹部和阴囊皮肤,呈不规则排列。有时口腔和鼻腔黏膜也有发生,表现为发生灶性坏死,广泛水肿。

(4)病理变化 皮肤、局部的丘疹结节,广泛坏死出血,皮下和天然孔水肿是本病常见的病变。口腔、上呼吸道、肝、脾、肺等器官出现丘疹或结节,甚至坏死性变化。

50. 如何做好兔痘的防控?

目前尚没有兔痘疫苗可供使用,预防一般还是以加强饲养管理和严格执行卫生消毒措施为主。引种或购入新兔,严格检疫,隔离观察,防止病兔混入兔群,以免发生疫情。对疫情严重的地区和兔群,可以试用牛痘苗做皮内划痕接种,可使家兔产生对兔痘的部分免疫力。发生疫情后,立即采取措施隔离消毒,扑杀病兔,病死兔尸体深埋或焚烧。

目前尚无特效药,以对症治疗为主,发生痘病后,局部可用 0.1％高锰酸钾溶液清洗,擦干后涂抹龙胆紫或碘甘油。全身应用 抗生素预防继发感染,如应用硫酸庆大霉素、多西环素、喹诺酮类 等广谱抗菌药物。

51. 如何防控兔流行性肠炎?

本病是由病毒引起的一种急性肠道传染病。其临床特征是严 重的水样腹泻,死亡率 30％～80％。本病传播速度快,已成为一 种危害严重的新发传染病,可造成重大的经济损失,严重威胁养兔 业的发展。

(1)发病特点　主要发生于断奶后肥育期的幼龄兔。各品种 的家兔均有易感性,一年四季均可发生。消化道是主要的传播途 径,还可经鼻感染。饲养管理不当,饲料污染、发霉,以及气候突变 等有利于本病的发生。

(2)临床症状　发病后表现食欲减退,严重的水样腹泻,腹部 膨胀成球状,脱水,被毛粗乱,体温无变化。感染后 3 天开始死亡, 4～5 天达到高峰,8～9 天死亡逐渐减少。

(3)病理变化　为胃肠道内充满液体,大多数在结肠内见有大 量半透明的黏液。但在肠道未见有明显的其他炎性病变。组织学 病变表现为间质性肺炎及小肠黏膜的炎性病变、小肠黏膜上皮细 胞及肠腺细胞坏死、黏液过度分泌,这些常见于病毒性感染性疾 病,未检出包涵体。

(4)防控措施　加强对兔群的饲养管理,不喂发霉的饲草饲 料,搞好环境卫生,坚持定期消毒制度。发生本病时,要立即隔离 病兔进行治疗。兔舍、兔笼及用具等用 0.5％过氧乙酸或 2％氢氧 化钠溶液全面进行消毒,病死兔及其排泄物、污染物等一律烧毁, 防止疫情扩散。目前还没有用于本病的疫苗。

目前暂无有效的治疗方法,一般采用止泻、补液、保护胃肠道黏膜、改善胃肠功能、抗菌消炎、防止继发感染等对症治疗和支持疗法。

①止泻　活性炭,1~2克/次,内服。苯乙哌啶(止泻宁),2.5毫克/千克体重,内服。

②补液　复方氯化钠或5%葡萄糖氯化钠注射液,50毫升/千克体重,静脉或腹腔注射。

③制止胃肠道痉挛、止痛　阿托品注射液,0.1毫克/千克体重,肌内注射。颠茄酊,1毫升/千克,灌服。

④抗菌消炎　硫酸庆大霉素注射液,5毫克/千克体重,肌内注射,每日2次。阿莫西林可溶性粉剂,10~15毫克/千克体重(纯粉计),混水内服,每日2次。硫酸丁胺卡那霉素注射液,10毫克/千克体重,每日2次,肌内注射。

52. 如何防控兔乳头状瘤病?

本病是由乳多孔病毒科、乳头状瘤病毒属的、在血清学上互不相关的两种病毒各自分别引起的一种传染病,病原为兔乳头状瘤病毒和兔口腔乳头(疣)状瘤病毒,只发生于口腔黏膜上或除口腔黏膜以外任何部位皮肤上的乳头状瘤。

(1)发病特点　原发于野生棉尾兔,家兔也可感染。患病兔是主要的传染源。通过直接接触、外伤、昆虫叮咬传播,因此只要兔群中有一只患病兔,本病就可一直存在。兔体皮肤上的肿瘤可以发生恶性变化。只发生于口腔黏膜上的乳头状瘤病(口腔乳头状瘤)可感染家兔、棉尾兔,患病兔是主要的传染源,可通过口腔唾液、哺乳传播,但只有在口腔黏膜有损伤时才能诱发肿瘤。

(2)临床症状　皮肤乳头状瘤一般数量不等,一个、几十个甚至上百个,可发生在头部、颈侧、肩部、背部、腹部、乳腺、大腿内侧、肛门四周等各个部位的皮肤上,呈黑色或暗灰色,大的直径0.5~1.0厘米、高1.0~1.5厘米,表面有角质层。口腔乳头状瘤可见于舌腹面、齿龈、口腔底部,色泽灰白,呈结节状,形似菜花,数目多、个体小,小的通常平滑、突起,大的直径可达0.5厘米、高0.4厘米。有的乳头状瘤表面可能发炎、出血。

(3)防制措施 本病的发生一般不影响兔的健康,但大量肿瘤的发生可能会影响兔的生长,也影响兔皮毛和肉的品质,同时有资料显示长期饲养(200天以上)可能会发生恶性变化,另外其还是传染源,所以发现患兔应捕杀烧毁,对环境笼舍进行消毒。加强饲养管理,避免口腔炎症的发生。目前对其无有效治疗方法。

第三章　兔细菌性传染病

53. 波氏杆菌病的流行特点及主要症状有哪些?

本病是由支气管败血波氏杆菌引起的一种以慢性鼻炎、支气管肺炎和咽炎为特征的呼吸道传染病。本病在成年兔发病较少,幼兔发病率高并可引起死亡。

(1)病原　病原为支气管败血波氏杆菌,革兰氏染色阴性,属球杆菌,有荚膜,周身鞭毛,能运动,无芽胞,常呈两极染色。

(2)流行特点　本菌在自然界分布很广,在兔体的带菌率很高,一旦机体抵抗力下降或环境条件有利于病原菌的传播、繁殖,都有可能促进本病的发生。传染源为带菌兔和病兔,通过鼻腔分泌物和飞沫传播病原菌,健康兔和带菌兔、病兔接触也能传播本病。本病多发生于气候多变的春秋两季,尤其是秋末冬初和初春。气候骤变、空气污秽、营养不良、饲养密度过大、兔舍潮湿均可引起本病。

(3)临床症状　成年兔在感染后多呈隐性感染,幼兔感染时,7天出现临床症状,10天左右形成支气管肺炎,血中凝集抗体于12～13天开始上升,感染15天病情明显恶化而死亡。临床症状主要有鼻炎型和支气管肺炎型。

①鼻炎型　此型在家兔中经常发生,鼻腔流出水样、浆液样、黏液性或黏液脓性分泌物。鼻腔周围被毛污秽。因鼻腔黏膜受刺激,病兔表现摇头、拱笼或摩擦鼻部。当诱因消除或经过治疗后,

病兔可在较短的时间内恢复正常。

②支气管肺炎型 此型多见于成年兔。特征是鼻炎长期不愈,鼻腔流出黏液性或黏液脓性分泌物。呼吸加快,食欲不振,精神委顿,连续性或间断性喷嚏,饲喂时或运动时加剧。逐渐消瘦,病程长的,一般经过 7～60 天死亡。

(4)病理变化 剖检时主要是鼻腔、气管黏膜充血、水肿、鼻腔内有浆液性、黏液性或黏液脓性分泌物。肺部有灰白色、大小不一、数量不等的化脓灶,病变多见于心叶、尖叶、膈叶,严重时布满整个肺叶,病变部呈暗红色,坚实突起,切开后流出少量液体,切面平滑或稍呈颗粒状,色泽暗红、灰黄或暗灰色,有的可出现肺组织坏死、出血和间质水肿。

54. 波氏杆菌病的防控措施有哪些?

本病流行广泛,造成的损失较大,尤其是妊娠后期的母兔常因本病而突然死亡。建立无支气管败血波氏杆菌病种群是防止本病的有效方法,但目前受条件限制难以推广,当前采用的防治措施如下:

(1)免疫预防 这是目前防治兔波氏杆菌病的主要方法。

①兔波氏杆菌灭活苗 18 日龄首免,皮下注射 1 毫升,1 周后加强免疫,皮下注射 2 毫升,7 天后产生免疫力。免疫期为 4～6 个月。每年注射 2 次。

②兔波巴二联苗 能同时预防兔巴氏杆菌病和兔波氏杆菌病。仔兔断奶前 1 周,母兔妊娠后 1 周,其他青年兔、成年兔每只皮下或肌内注射 1 毫升,7 天产生免疫力,免疫期半年。每年注射 2 次。

(2)药物治疗 对发病兔可进行药物治疗,最好将分离到的支气管败血波氏杆菌做药敏试验,选用高敏药物进行治疗,可以获得满意的效果。常用于治疗的抗生素药物有链霉素、青霉素各 20 万单位,肌内注射,每日 2 次,连用 5 天。多西环素(强力霉素)可溶性粉,按每千克体重 10 毫克溶解于水中,供家兔饮用,每日 2 次。硫酸庆大霉素注射液,每次 2 万单位,每日 2 次,连用 5 天。磺胺二甲嘧啶注射液,70～100 毫克/千克体重,肌内注射,每日 2 次,连用 5 天。其他磺胺类药物也可以应用。

55. 兔沙门氏菌病的发病特点有哪些?

本病是以败血症和腹泻、流产、迅速死亡为特征的沙门氏菌感染。是由鼠伤寒沙门氏菌和肠炎沙门氏菌引起的一种消化道传染病,又称副伤寒。主要侵害妊娠母兔和幼兔。沙门氏菌不仅感染兔,也感染人和其他动物。食用被沙门氏菌污染的动物性食物,是导致人沙门氏菌食物中毒的重要原因,因此沙门菌氏也是关系到食品安全的一种重要的病原菌。

沙门氏菌对干燥、腐败、阳光等环境因素有一定的抵抗能力,以鼠伤寒沙门氏菌抵抗力最强,常用的消毒剂,如 1%～3%苯酚和来苏儿、5%石灰乳液几分钟可杀死此类病菌。沙门氏菌能在粪中存活 2～3 年,在土中 16 个月、湿土中 1 年,在污水中还能繁殖,在酸性介质中迅速死亡。一般消毒剂都可以杀灭本菌。

由于沙门氏菌具有较广的宿主范围,对环境抵抗力较强,又为动物肠道寄生菌,患病动物和带菌者都有可能从粪便中排出病原菌,在自然界的下水道、河流、池塘、饲草饲料中也经常存在,被污染的饲草饲料、饮水、垫草、兔笼、用具、食具也能造成病原的传播。易感动物之间的互相接触也能传播疫情。消化道是主要的感染途径,仔兔也可经子宫、脐带感染。

由于病原的广泛存在和健康动物的带菌,当环境因素或者动物机体抵抗力降低时,本病可以通过内源性感染而发病,饲养管理不当、卫生条件不良、气候剧变、感染其他疾病导致抵抗力下降时，内源性沙门氏菌发生致病作用。

本病传染性较强，家兔不分年龄、性别、品种都可以发病，但以妊娠母兔和幼兔最易感染发病。沙门氏菌，特别是肠炎沙门氏菌具有产生毒素的能力，毒素经 75℃ 1 小时仍不能被破坏，如饲料被毒素污染可引起家兔的中毒。

56. 兔沙门氏菌病的主要症状和剖检变化有哪些？

(1)临床症状　在临床上可分为 3 种类型，最急性型、急性型和流产型。本病潜伏期为 3～5 天。

①**最急性型**　常在夜晚吃料正常，次日清晨发现死于兔笼中。病程稍长者体温升高到 41℃ 以上，食欲废绝，呼吸困难，便秘或腹泻，妊娠母兔流产。24 小时内死亡，死亡率高。

②**急性型**　较多见。病兔精神沉郁，食欲废绝，发热 41℃ 左右，呼吸困难，初便秘，后腹泻，排出糊状、暗绿色或者灰黄色的、带有恶臭的粪便，常伴有半透明胶冻状黏液。部分病兔鼻孔流黏液或脓性鼻液，咳嗽，无腹泻。

③**流产型**　妊娠母兔阴道有暗红色或脓样黏液流出，阴道黏膜潮红、水肿，流产胎儿体弱，皮下水肿，很快死亡。母兔常于流产后死亡。如不死亡，也不能再妊娠。病程一般 2～4 天，有的可拖至 7 天以上。

(2)病理变化　剖检可见病死兔消瘦，肛门附近被毛被稀粪污染，鼻孔两侧有脓性分泌物，下颌淋巴结肿胀。

最急性者，呈败血症病变，见有多个器官有充血和出血斑点，胸、腹腔中有浆液或血样液体。急性者，气管内有红色泡沫，黏膜充血、出血；肺实变水肿；肝肿大，表面有针尖样坏死灶；脾脏充血肿胀,呈蓝紫色;肠黏膜充血、出血,黏膜下层水肿或溃疡;部分兔胆囊外表呈乳白色,质地较坚硬,内为干酪样坏死组织,在小肠与盲肠结合部、蚓突和圆小囊的浆膜下有数量不等、针尖至米粒大小的结节。母兔子宫肿胀,子宫壁增厚,伴有化脓性子宫炎,子宫体呈乌黑色,部分子宫黏膜上有溃疡。

57. 兔沙门氏菌病如何防控?

预防应加强饲养管理,搞好环境卫生,坚持防疫消毒。另外,对妊娠前和妊娠初期的母兔可用鼠伤寒沙门氏菌灭活苗进行免疫接种,每只兔颈部皮下或肌内注射 1 毫升,可有效地预防本病的发生。疫区兔场可全群注射沙门氏菌灭活苗,每只兔每年注射 2 次,能有效地控制本病。灭活苗可取在当地分离的病原菌制成。

治疗选择最敏感的药物,疗效较为可靠。注意剂量准确、足量和适当的疗程,以免病原苗产生耐药性。诺氟沙星粉,在发病季节按每日 50～100 毫克/千克体重,拌入饲料中。连用 5 天;隔 3 天,再用 5 天。硫酸庆大霉素,2 万～3 万单位/只,肌内注射,每日 2 次,连用 5 天。链霉素注射液,20 万单位/只,肌内注射,每日 2 次,连用 5 天。卡那霉素注射液,15 万～25 万单位/只,肌内注射,每日 2 次,连用 5 天。奇放线菌素,15～20 毫克/千克体重,肌内注射,每日 2 次,连用 5 天。头孢哌酮钠,100 毫克/千克体重,每日 2 次,肌内注射,连用 5 天。磺胺间甲氧嘧啶,70～100 毫克/千克体重,肌内注射,每日 2 次,连用 5 天。中药治疗:黄连、黄芩、黄柏各 7 克,煎液内服。

58. 兔巴氏杆菌病的发病特点是什么?

本病又称兔出血性败血症,是由多杀性巴氏杆菌引起的一种急性传染病。由于感染部位的不同,可分为败血症、传染性鼻炎、地方流行性肺炎、中耳炎、结膜炎、子宫积脓、睾丸炎和脓肿等类型。兔对巴氏杆菌非常敏感。本病可造成家兔的出血性败血症的大流行和大批死亡,是 2～6 月龄的家兔死亡的主要原因,造成的经济损失巨大。本病遍布全世界,同时也可引起其他动物发病。

(1)**病原** 兔巴氏杆菌属多杀性巴氏杆菌,与引起猪、牛、禽等多种动物巴氏杆菌病的病原同属。为革兰氏阴性菌,大小为 1～1.5 微米,组织涂片或血液涂片经瑞氏染色或亚甲蓝(美蓝)染色,可见菌体两端浓染,呈两极着色,中央着色较浅,很像两个排列的球菌,所以也称两极杆菌。培养物涂片两极染色不明显,用墨水等染料染色可清楚地看见清晰的荚膜。不形成芽胞及鞭毛,无运动性。病菌一般存在于病兔的血液、内脏器官、淋巴结及局部病变组织中。35%～75% 的家兔鼻黏膜及扁桃体带有本菌,本病的临床症状常常在应激时出现。

巴氏杆菌对外界环境的抵抗力较弱,在直射阳光下和干燥空气中 2～3 天,加热 60℃ 10 分钟即可杀死。3% 苯酚、1% 甲醛溶液、1% 漂白粉、5% 石灰乳等 10 分钟即能杀死。在动物粪便中能生存 1 个月,在尸体中能存活 3 个月。对抗革兰氏阴性菌药物敏感,链霉素、四环素、磺胺类、二甲氧苄胺嘧啶敏感。

巴氏杆菌存在于自然界、养兔场,经常可以在多数健康兔的鼻腔黏膜和病兔的血液、内脏器官中分离出来。本菌是一种条件性致病菌。

(2)**发病特点** 家兔正常带菌,在某些应激的情况下可以诱发巴氏杆菌病的暴发,气候剧变、营养缺乏、饲养管理条件差、通风不良、潮湿拥挤、寄生虫病、长途运输等应激因素的存在,可诱发本病的暴发。

本病一年四季都可发生,但仍以冷热交替、气候多变的春秋季节,以及多雨闷热的季节多发,常呈地方流行性或散发性。发病率为 20%~70%,死亡率为 20%~50%,不分品种、年龄均可发病。

由于兔体本身带菌,可以成为传染源,病原菌随咳嗽、打喷嚏喷出的飞沫经呼吸道感染健康兔,也可随唾液、鼻涕、粪便、污染饲草、饲料、饮水、用具等经消化道感染。通过吸血昆虫叮咬或破损的皮肤、黏膜也可发生传染。

59. 兔巴氏杆菌病的临床症状有哪些?

因侵入的细菌数量、毒力、兔的抵抗力不同,潜伏期长短不一,症状多种多样,一般分为以下几种类型。

(1)传染性鼻炎型 是以浆液性或黏液性鼻液为特征的鼻炎和副鼻窦炎,为较常见类型。传染速度慢,病程长,有时可达 1年。鼻黏膜发炎,先后流出浆液性或脓性鼻液,呼吸时打呼噜、打喷嚏。因分泌物刺激鼻黏膜,常用前爪擦拭鼻孔,使鼻孔附近被毛凌乱、脱落,上唇及鼻孔、皮肤红肿发炎。随着病情发展,鼻液更多更稠,形成硬壳,堵塞鼻孔,呼吸困难。由于挠擦,将病原菌带到眼、耳、皮下,引发结膜炎、中耳炎、皮下脓肿。病兔逐渐消瘦而造成死亡。个别迅速死亡的以流浆液性鼻液为特征,随后出现发热症状。

(2)肺炎型 自然发病时,症状不太明显,仅表现为精神沉郁、食欲不振、体温升高、呼吸困难、逐渐消瘦,有时见有腹泻和关节肿胀,最后以败血症死亡。

(3)败血症型 由于病兔死亡迅速,往往不见临床症状。病情稍缓者,可见精神委顿,食欲减少或废绝,呼吸困难,体温升高达40℃。鼻腔流出浆液性、黏性及脓性分泌物。少数病例发生腹泻。病兔死前体温降至正常以下,发抖、抽搐。病程短者 1 天,长者

3～5 天。

(4)中耳炎型　也叫斜颈型。斜颈是临床表现,实质是耳内一侧鼓室或两侧鼓室的炎症表现,也可能是病原侵入脑内的结果。可引起头颈歪斜或躯体做旋转运动,严重病例,兔向着头斜的方向翻腾。病兔吃食、饮水困难,体重减轻,可能出现脱水现象。如感染到脑膜组织,则可能出现运动失调和其他神经症状。

(5)结膜炎型　眼睑肿胀,结膜潮红,在眼睑处常有浆液性、黏液性或黏液脓性分泌物。炎症消退时,流泪不止,俗称"烂眼病"。

(6)脓肿型　全身各部皮下和内脏器官发生脓肿,脓肿转移可引起脓毒败血病而死亡。

(7)生殖器官型　多见于成年兔,母兔多发,多表现为不孕,阴道流出黏液性分泌物。如转为败血病往往引起死亡。其他类型的病兔,病原转移到生殖系统,也可引起感染。

60. 兔巴氏杆菌病的剖检变化有哪些特点?

由于兔巴氏杆菌病的类型不一,其剖检变化也不同。各型的主要特点如下。

(1)鼻炎型　鼻腔内有多量的黏液性、浆液性脓性渗出物。鼻黏膜充血,鼻窦和副鼻窦黏膜红肿。慢性病例,鼻液为黏液或黏液脓性,鼻黏膜呈轻度水肿,增厚。

(2)肺炎型　多呈急性纤维素性肺炎和胸膜肺炎病变。多见于肺的前下部,有实变、萎缩不全、灰白色小结节、肺脓肿等。肺、心包、胸膜上有纤维素性渗出物。有的胸腔内积有淡黄色或浑浊的胸水。组织学的变化表现为肺组织内有化脓性支气管肺炎,肺泡内有巨噬细胞,出血,坏死,血管周围有淋巴样结节。

(3)中耳炎型　在一侧或两侧鼓室内有白色、奶油状的渗出物。病的初期鼓室及鼓室腔内膜呈红色。化脓性渗出物充满鼓室腔,内膜上皮有许多杯状细胞。黏膜下层浸润淋巴细胞和浆细胞。有时鼓室破裂,渗出物向外溢出耳道,向脑蔓延可引起化脓性脑膜脑炎。

(4)败血症型 对于迅速死亡的病例,剖检看不到变化。病程稍长者,以败血症变化为主。主要表现为全身性出血、充血或坏死。鼻腔黏膜充血,有黏液脓性分泌物。喉头、支气管黏膜充血、出血,伴有多量红色泡沫。肺严重充血、出血,高度水肿,心内外膜有出血斑点。肝脏变性,有许多坏死点,脾、淋巴结肿大、出血,肠黏膜充血、出血,胸、腹腔积有淡黄色积液。

(5)脓肿及生殖器官感染型 脓肿可发生于全身皮下和各种实质器官,脓肿内含有白色、黄褐色奶油状的脓汁。病程长者多形成纤维素性包囊。多发生败血症而死亡。生殖器官表现为在生殖腔内积有黏液性、浆液性、黏液脓性分泌物、渗出物,也可见多处脓肿。

61. 兔巴氏杆菌病如何防控?

(1)兔场平时预防 主要是加强饲养管理,注意通风换气,避免舍内湿度过大,防暑降温,避免过度拥挤,秋、冬季节要注意防寒保暖,特别在天气剧烈变化的时候,要及时做好管理工作。兔场要保持环境的安静,不能产生大的噪声,影响兔的休息。避免一切可能产生应激的因素,坚决贯彻执行日常管理、卫生消毒制度。对进入场区的饲草饲料应一次备足,进入后最好进行集中消毒,采取熏蒸消毒、日晒消毒等方法,确保不将病原微生物带入场。

(2)定期免疫预防 免疫注射是预防兔巴氏杆菌病有效的措施。常用的预防兔巴氏杆菌病的疫苗见表 3-1,可酌情选择使用。

表 3-1 常用的兔巴氏杆菌病疫苗

疫 苗	用 法
兔巴氏杆菌氢氧化铝菌苗	用于 30 日龄以上的家兔,每次皮下或肌内注射 1 毫升,间隔 14 天后,再注射 1 毫升,免疫期半年,每年注射 2 次
兔瘟、巴氏杆菌二联组织灭活苗	断奶日龄以上的兔,每次皮下或肌内注射 1 毫升,7 天产生免疫力,免疫期半年,每年注射 2 次,可达到控制本病流行的目的
波氏杆菌、巴氏杆菌二联苗	对妊娠初期和 30 日龄以上的兔,皮下或肌内注射 1 毫升,每年注射 2 次,每次免疫期半年,可有效预防巴氏杆菌病和波氏杆菌病
巴氏杆菌、魏氏梭菌二联苗	对 30 日龄以上的兔,皮下注射 2 毫升,免疫期半年,每年注射 2 次,可预防巴氏杆菌病和魏氏梭菌病
兔瘟、巴氏杆菌二联苗	对断奶以后的兔,皮下注射 1 毫升,每年注射 2 次,对兔瘟的免疫期为 10 个月,对巴氏杆菌病的免疫期为 4～6 个月
兔瘟、巴氏杆菌、魏氏梭菌三联苗	断奶以后的兔,皮下注射 2 毫升,每年注射 2 次。对兔瘟的免疫期为 10 个月,对巴氏杆菌病和魏氏梭菌病的免疫期均为 4～6 个月
兔巴氏杆菌、魏氏梭菌二联蜂胶灭活苗	新生兔 20～30 日龄进行首次免疫,注射 1 毫升,14 天后进行第二次免疫。成年兔每年免疫 2 次,注射后 7 天产生免疫力

(3)药物预防 应用 0.1% 土霉素混合于饲料内服,有较好的预防效果。饲料中添加 0.1% 诺氟沙星也有较好的预防效果。

(4)坚持自繁自养 严禁随便引进种兔,如需引进,需进行细菌学和血清学检验,隔离观察 1 个月,确认健康者方可进入兔场。

平时严禁无关人员、异种畜禽进入。即使是本场饲养管理人员出入也要更换鞋帽、衣服,洗澡,消毒。人员最好固定一段较长的工作时间再进行轮换(如半个月、1个月或更长的时间),建议吃住都在场内,减少与外界交流,防止病原的传入。

(5)药物治疗

①特异疗法 用抗血清治疗特异性好,早期应用效果好。用抗巴氏杆菌高免单价或多价血清,每千克体重6毫升,每日2次,效果较好。可试用兔巴氏杆菌疫苗二次强化免疫健康兔后,7~14天采集兔血液分离血清,进行效价测定,冷藏备用。

②抗生素治疗 链霉素100万单位,青霉素80万单位,混合滴鼻或一次肌内注射,每日1次,连用3天。硫酸庆大霉素注射液,2万单位/千克体重,每日2次,连用5天。卡那霉素注射液,30毫克/千克体重,肌内注射,每日2次,连用5天。头孢唑啉钠,10毫克/千克体重,肌内注射,每日2次,连用2天。以上药物任选一种。

生产中有使用替米考星和氟苯尼考来治疗本病的现象,而这两种药在欧盟被列入禁用药。

③化学药物治疗 磺胺二甲嘧啶,片剂,内服,首次量每千克体重0.2克,维持量每千克体重0.1克,每日2次;注射液,静脉或肌内注射,50~100毫克/千克体重,每日1~2次,连用4天;其他磺胺类药物参照使用。恩诺沙星,内服,5~10毫克/千克体重;肌内注射,5毫克/千克体重,每日2次,连用5天。

④中草药治疗 黄芩、黄连、黄柏各6克,加水煎服。蒲公英16克,菊花6克,赤芍6克,加水煎服。金银花10克,菊花6克,加水煎服。穿心莲3克,加水煎服。每日2次。按2片鱼腥草粉拌入饲料,连用5天。

62. 兔魏氏梭菌病的发病特点有哪些？

本病又称梭菌性肠炎，是由 A 型或 E 型魏氏梭菌及其毒素引起的一种暴发性、发病率和死亡率都较高的、以消化道症状为主的全身性疾病。临床上以急剧腹泻、排出水样或血样粪便、脱水死亡、盲肠出血斑和胃肠道黏膜出血、溃疡为主要特征。

(1)病原　魏氏梭菌又称产气荚膜杆菌，属于梭菌属。魏氏梭菌在动物体内或培养基上均可产生外毒素，根据毒素和抗毒素中和试验可将其分为 A、B、C、D、E 5 个毒素型。为革兰氏阳性菌，芽胞卵圆形，位于菌体中央或近端，常常单个或成对存在。在动物组织中形成荚膜是本菌的一个特征。

本菌繁殖体的抵抗力不强，常用的消毒剂都能将其杀死。但其芽胞有较强抵抗力，90℃30 分钟、100℃5 分钟才能将其杀死。经 70℃处理 30～60 分钟，能破坏其毒素。

(2)发病特点　不同年龄、品种、性别的家兔均对本病易感，毛用兔高于皮肉用兔，纯种高于杂种及土种兔。多发于断奶后的仔兔。多种动物均可感染本病。

本病一般一年四季都可发生，但以春、冬两季发病率高。即使饲养管理条件好的兔场，也有本病的发生。许多诱发因素如长途运输、饲养管理不当、气候骤变等均可促使本病的暴发。

传播途径主要是消化道及伤口。常因青饲料缺乏、粗纤维含量低、精饲料过多而发病。粪便污染在病原的传播方面起了重要的作用，病兔及带菌兔、各种排泄物、含有病原的土壤和水源是本病的主要传染源。当病原经消化道或伤口进入机体后进行繁殖，尤其在空肠绒毛上皮组织上大量繁殖，并沿基膜繁殖扩散，产生强烈的外毒素，使受害肠壁充血、出血和坏死。这种高浓度的毒素改变了肠壁的通透性，使毒素进入血液，引起全身性毒血症而死亡。

长期饲喂抗生素和磺胺类药物等均可引起家兔肠道菌群失调,产气荚膜梭状芽胞杆菌大量繁殖,产生毒素,可促使本病的发生。

63. 兔魏氏梭菌病的主要症状和剖检变化有哪些?

(1)临床症状 本病的主要特点是剧烈腹泻、水泻后排胶冻样或褐色稀粪,有恶臭。按病程的长短可分为以下两型。

①最急性型 绝大多数为此型。兔突然发病,迅速死亡。急剧腹泻,初排出灰褐色软便,后出现水泻,粪色黄绿、黑褐色或腐油色,呈水样或胶冻样,散发特殊的恶臭味,污染臀部和后腿。体温多偏低,精神沉郁,食欲废绝,消瘦,脱水。出现水泻,当日死亡。

②急性型 病程稍长。病兔极度消瘦,严重脱水,精神沉郁,甚至昏迷,有的表现抽搐。少数病程超过 1 周,极个别可超过 1 个月,但最终还是死亡。

(2)病理变化 主要集中在消化道,胃和盲肠的病变突出。胃内有多量食物和气体,黏膜多处有出血斑和溃疡斑,常见有胃破裂的病例。盲肠肿大,肠壁松弛,浆膜多处有鲜红的出血斑,盲肠黏膜有出血点或出血条纹,盲肠内容物呈黑色或褐色液体,并常充满气体。空肠和回肠肠壁松弛、肿大,充满胶冻样液体和气体,肠系膜淋巴结水肿,切面多汁,其他实质器官无明显的病理变化。

64. 兔魏氏梭菌病如何防控?

本病病原为条件性致病菌,因此预防应首先加强饲养管理,消除诱发因素,不宜饲喂蛋白质含量过高的精饲料和过多的谷物饲料,以减少本菌在肠道内繁殖。应按家兔的营养标准配制饲料,保证粗纤维含量不低于 14%。经常供应青饲料,以维持正常的肠道菌群。其次做好免疫注射。兔魏氏梭菌（A 型）灭活苗，第一次肌内注射 1 毫升，间隔 8～14 天，第二次注射 2 毫升，免疫期维持半年。其他还有巴魏二联苗、瘟巴魏三联苗可供选用。

发生疫情时，立即采取隔离、淘汰病兔，兔舍、兔笼及用具彻底消毒。病初用特异性高免血清治疗，每千克体重 2～3 毫升，皮下或肌内注射，每日 2 次，连用 2～3 天。

由于本病发病急，发病后用药物治疗往往效果不好。药物治疗可用下列抗生素：红霉素，每千克体重 20～30 毫克，肌内注射，每日 2 次，连用 3 天；卡那霉素，每千克体重 20 毫克，肌内注射，每日 2 次，连用 3 天。如配合对症疗法（补液、内服食母生、胃蛋白酶等消化药），疗效更好。盐酸环丙沙星，按 20 毫克/千克体重，拌料或者饮水，每日 2 次，连用 5 天。替硝唑，内服每次 150～200 毫克，拌料或饮水，可使兔在 24 小时内避免死亡。硫酸庆大霉素，每只每次 4 万单位，口服或肌内注射，每日 2 次，连用 5 天。

65. 兔大肠杆菌病的发病特点有哪些？

本病又称黏液性肠炎，是由一定血清型大肠杆菌及其毒素引起的一种暴发流行的、死亡率很高的肠道传染病。其特征为排黑色糊状稀粪或有时带胶冻样黏液，粪便有腥臭味。慢性病例排包裹在胶冻中比米粒稍大的两头尖的小粪球，俗称"老鼠屎"，偶尔也有未见腹泻而突然死亡的病例。大肠杆菌病是集约化兔场最常见的疫病之一。

(1)病原　大肠杆菌为革兰氏阴性球杆菌，一般具有鞭毛，无芽胞，在水中能生存数周至数月之久，在 0℃粪便中能存活达 1 年之久。

(2)发病特点　本病主要由于"病从口入"，吃了不洁净的带菌饲料、饮水所致。此外，在家兔肠道中，本来就有少量的大肠杆菌寄居,它们在肠道中和其他微生物相互制约,在数量上保持相对平衡,通常它们都不致病。但当气候、饲料或其他饲养条件或长途运输等外界环境发生变化或者当家兔抵抗力降低时,这些应激因素可导致肠道内酸碱度发生变化,破坏了原有的菌群平衡,这时大肠杆菌在适合于它们生长的环境中迅猛繁殖,侵入肠上皮细胞,致使肠上皮细胞和黏膜层被破坏,脱落于肠道形成胶冻状,使得营养无法摄入、水分无法吸收,造成腹泻,并同时引起组织器官病变和机体衰竭,以至死亡。病兔体内随粪便排出的大肠杆菌,其毒力增强,常污染食具、饲料、饮水、兔笼和场地而成为新的传染源,再经消化道感染健康兔,引起流行,造成死亡。

本病一年四季均可发生,尤以冬、春季多发。各品种兔不分年龄、性别均有易感性,主要发生在断奶后 1～3 月龄的幼兔,其发病率和死亡率最高。降低幼兔对本病的感染率即可大幅提高集约化兔场的兔群成活率。

66. 兔大肠杆菌病的主要症状、剖检变化有哪些?

临床可见病兔由于肠道内充满气体或液体而腹部鼓胀、精神沉郁、被毛粗乱、废食,常磨牙及卧于笼角。急性病例通常在 1～2 天内死亡,少数可延至 1 周,一般很少自然康复。在患兔笼下常可见到黑色糊状稀粪或两头尖的小粪粒及白色半透明状的胶冻样物。家兔眼部感染大肠杆菌可引起结膜炎或全眼球炎。

剖检可见胃部膨大,充满食糜,胃黏膜上有时有针尖状出血点,个别也有胃浆膜上出现溃疡斑或出血斑的;十二指肠通常充满气体并被胆汁浸染成黄色;空肠、回肠肠壁薄而透明,内有半透明胶冻样物或气体;盲肠浆膜上有时有鲜红色出血斑,有时盲肠前段肠壁呈半透明并臌气,内容物为黑色稀粪,而后段粪便秘结;有时结肠内也充满白色胶冻样物；胆囊亦可因胆汁充盈而胀大；膀胱常胀大，内充满尿液；有时圆小囊和蚓突肿胀、出血；肠系膜淋巴结通常水肿；有些病例心脏和肝脏有局灶性小坏死点。

67. 兔大肠杆菌病如何防控？

平时要注意对兔群的饲养管理和兔舍卫生，谨防"病从口入"。草料、饮水质量至关重要，更换饲料应逐步过渡。严格控制饲喂量可以降低发病率。

由于本病传染性强，一旦发现患兔要及时隔离，以免殃及"左邻右舍"。由于大肠杆菌有若干不同的血清型，它们之间交互免疫性较差，因此在预防本病时，有条件的集约化兔场可制备"自家多价灭活疫苗"，并随时跟踪现场致病菌株的动态变化，以便及时调整制苗菌株，保证疫苗的预防效果，这是目前最好的预防办法。健康兔群可在仔兔断奶前1周接种，皮下注射2毫升，母兔在妊娠初期接种2毫升，对断奶后幼兔也有较好的保护作用。由于大肠杆菌的血清型有多种，尽管一些大肠杆菌苗是多价苗，但也难以全部包括，即使是血清型对路，也不能保证不发生本病。因此，还要加强饲养管理，减少各种应激，这样才能确保兔群安全生产。

疫区要实施每日1次带兔消毒，消毒剂的稀释度要调整为发病用浓度。发病初期减少饲喂量可改善症状，对于脱水病兔要注意补液。规模化兔场应在药敏试验基础上选择敏感药物治疗。

用药原则是抑菌消炎、止泻、补液。可选用下列药物：新霉素（弗氏霉素）：硫酸新霉素预混剂（36%），混饲，每吨饲料70～140克；可溶性粉（25%）混饮，每升水90毫克，连用3～5天。恩诺沙星（2.5%，5%，10%），混饮，每升水25～50毫克，连用3～5天；预混剂（2.5%），混饲，每吨饲料50～100克，连用3～5天。5%诺氟沙星，0.5毫升/千克体重，肌内注射，1日2次；预混剂（5%），拌料,10 毫克/千克体重,每日 1～2 次;可溶性粉(5%),混饮,每升水 50～100 毫克,连用 3～7 天。多西环素(强力霉素、脱氧土霉素):可溶性粉(5%、10%),混饲,每吨饲料 100～200 克;混饮,每升水 0.05～0.10 克,连用 3～5 天。氨苄西林(氨苄青霉素)可溶性粉(20%、55%),混饮,每升水 60 毫克,连饮 3～5 天;混饲,每吨饲料以制剂计 200 克;头孢氨苄(先锋霉素Ⅳ、头孢力新)粉剂,混饲,每吨饲料 350～500 克。大观霉素可溶性粉(50%),混饮,每升水 0.5～1 克,连用 2～5 天。硫酸阿普拉霉素,可溶性粉(44.4%、50%),混饮,每升水 0.25～0.5 克,连饮 5 天;预混剂(2%、10%),混饲,每吨饲料 40 克,连用 7 天。黏杆菌素(多黏菌素 E、抗敌素)口服液(每 100 毫升含 100 万单位),混饮,每升水 5 毫升;硫酸黏杆菌素预混剂(2%、4%、10%),混饲,每吨饲料以制剂计 2～20 克;硫酸黏杆菌素可溶性粉(2%),混饮,每升水以制剂计 20～60 毫升,不超过 7 天。庆大霉素,5 万单位/千克体重,肌内注射,1 日 2 次,混饲,每吨饲料以制剂计 50～100 克。螺旋霉素,10 毫克/千克体重,肌内注射,1 日 2 次。卡那霉素,50 毫克/千克体重,肌内注射,1 日 2 次;硫酸卡那霉素散剂,混饲,每吨饲料 200～300 克。

在上述治疗的同时,应静脉、皮下或腹腔缓慢注射 5%葡萄糖盐水 10～50 毫升,外加维生素 C 1 毫升,每日 2 次。特别要注意在用药取得疗效后,一定要继续巩固用药 3 天,以免复发后死亡。应该指出:病后用药往往效果并不理想,如改为用分离菌的高敏药物对兔群间歇性大群预防用药,则更为理想。

应用益生素制剂改善肠道健康菌群结构,对防治本病也有裨益,但不同的益生素制剂效果也有差异,应合理选择。

68. 兔葡萄球菌病的发病特点有哪些?

本病是由金黄色葡萄球菌引起的一种以兔全身组织和器官化

脓性炎症或败血症为特征的传染病。

本病的病原体为金黄色葡萄球菌,在自然界中分布很广,存在于空气、水、各种物体上以及人畜的皮肤和黏膜上,在肮脏潮湿的地方特别多。葡萄球菌病为革兰氏阳性菌,无鞭毛,不产生芽胞,涂片镜检常见葡萄串状排列,也有呈双球或短链状排列。对外界环境的抵抗力较强,在干燥的脓汁中能存活 2～3 个月,在 60℃湿热中可耐受 30～60 分钟,煮沸则迅速死亡,在日常的消毒药中,以 3‰～5‰苯酚溶液的消毒效力最强,3～15 分钟可杀死该菌。

家兔对金黄色葡萄球菌很易感,通过各种途径均可感染。如飞沫经上呼吸道时,可引起鼻炎、肺炎和脓胸;通过皮肤损伤、毛囊、汗腺而引起皮肤感染时,可发生毛囊炎、脓疱、坏死性皮炎、脓肿等,并可导致转移性脓毒败血症。通过乳头感染引起乳房炎。

本菌对各种动物均有致病性,但兔最易感。

69. 兔葡萄球菌病的主要症状和剖检变化有哪些?

该病潜伏期 2～5 天,根据病原菌侵入的部位和继续扩散的形式不同,表现出各种不同的类型,分述如下。

(1)脓肿 可发生于身体的任何部位和组织器官,开始时出现局部的红肿、热痛、结节、后来变成有波动感的脓肿,由结缔组织囊包围着,触诊柔软而富有弹性,脓肿大小不一,数量不等,小似豆粒,大如鸽蛋。如患部皮下脓肿,则全身症状不明显,如果内脏器官形成脓肿,则功能受到影响。皮下脓肿经 1～2 个月后可自行破溃,流出浓稠、白色干酪样的脓液,经久不愈。由于脓液对皮肤的污染和刺激,引起兔抓挠损伤皮肤,又形成新的脓肿。可引起全身的脓毒血症。呈败血症而死亡。

(2)乳房炎 由乳头和乳房组织感染金黄色葡萄球菌引起。

多在分娩后最初几天发生,母兔体温升高,食欲不振,乳房肿胀发热,呈紫红色或蓝紫色。乳汁呈乳白色或奶油状,腹下结缔组织也可出现化脓。

(3)仔兔脓毒败血症 出生最初几天内的仔兔,在皮肤上出现大小不一的脓肿,很多在 2～5 天后因败血症而死,幸存者因脓肿变干、消失而恢复。

(4)仔兔黄尿病(仔兔急性肠炎) 仔兔因食入患母兔乳房炎的母乳而引起的一种急性肠炎,一般为窝发。病仔兔的肛门周围及后肢被毛潮湿、腥臭、全身发软,病程 2～3 天,死亡率很高。

(5)脚皮炎 以后肢常见,初期脚掌底部充血、发红、肿胀、脱毛,继而出现脓肿,经久不愈,病兔不愿走动,很小心换脚,食欲不振,消瘦。有的继发化脓性鼻炎,重者导致全身感染,呈败血症而死亡。

(6)鼻炎 病兔鼻腔中流出多量浆液性至脓性分泌物,在鼻孔周围结痂,常用前爪摩擦鼻孔,使周围被毛脱落,前肢掌部脱毛擦伤,打喷嚏,呼吸困难,呈肺炎和胸膜炎病变。

剖检变化为全身或组织器官的化脓灶或脓肿,鼻腔黏膜及鼻窦黏膜充血,腔内充满了大量浆液性或脓性分泌物,其他呈各型的病理变化特点

70. 兔葡萄球菌病如何防控?

本病是环境性疾病,严格的消毒制度是减少其发病几率的根本措施。

(1)全身治疗 最好采取脓汁及病变材料进行药敏试验,选择对金黄色葡萄球菌敏感的药物,可取得较好的治疗效果。一般情况下金黄色葡萄球菌对青霉素的耐药性较普遍,可选用对金黄色葡萄球菌敏感的红霉素、磺胺类、林可胺类、喹诺酮类及第一、第二

代头孢类。

　　红霉素,10 毫克/千克体重,肌内注射,每日 2 次,连用 5 天。恩诺沙星,15 毫克/千克体重,肌内注射或口服,每日 2 次,连用 5 天。头孢羟氨苄,30～40 毫克/千克体重,内服,每日 2 次,连用 5 天。头孢哌酮,20～30 毫克/千克体重,肌内注射,每日 2 次,连用 5 天。林可霉素,15 毫克/千克体重,肌内注射,每日 2 次,连用 5 天。磺胺间甲氧嘧啶钠,50 毫克/千克体重,肌内注射,每日 2 次,连用 5 天。

　　(2)局部处理　对局部小脓肿,可用外科手术处理。刺破脓肿,引流脓汁,冲洗消毒,涂以抗生素软膏。乳房炎涂以鱼石脂软膏、抗生素软膏,脚皮炎用 0.1%高锰酸钾溶液冲洗患部,清除坏死组织,涂以抗生素软膏,并以纱布包扎。

71. 兔链球菌病的发病特点有哪些?

　　本病是由溶血性链球菌引起家兔的一种急性败血性传染病,主要特征是高热、呼吸困难,仔兔腹泻或急性败血症,病程短、死亡快。剖检常见皮下组织出血性浆液性浸润,脾脏急性肿胀,出血性肠炎,伴有肝脏和肾脏脂肪变性。

　　病原 C 型链球菌为圆形球状杆菌,无芽胞,无鞭毛,不能运动,有时可形成荚膜,革兰氏阳性菌,呈单个、成对或短链排列,极少呈长链状。本菌对普通消毒药的抵抗力不强,多数链球菌经60℃30 分钟均可杀死,煮沸可立即杀死。常用的消毒药如 2%苯酚、0.1%新洁尔灭、1%来苏儿均可在 3～5 分钟内杀死。日光直射 2 小时死亡,0℃～4℃可存活 150 天,冷冻 6 个月特性不变。

　　本病一年四季均可发生,但天气变化是主要的诱发因素,因此在春、秋两季发病率较高。带菌兔和病兔是主要传染源,多种动物的呼吸道、口腔和阴道中都存在致病性链球菌。病菌随分泌物、排泄物排出体外,污染环境、空气、饲草饲料、饮水、用具等,经上呼吸道、眼结膜、口腔、生殖道、皮肤损伤而感染。环境因素剧烈变化、各种应激因素的刺激均可成为诱发因素,引起兔链球菌病的暴发。

72. 兔链球菌病的主要症状、剖检变化有哪些,如何防控?

(1)临床症状 病兔精神沉郁,食欲废绝或不振,呼吸困难,体温升高至 41℃以上,流浆液性鼻液或黄色脓性鼻液,病兔偶有腹泻症状,后期伏卧地面,四肢麻痹,伸向外侧,头贴地,爬行姿势,如不及时治疗经 1～2 天死亡。

(2)病理变化 皮下组织出血性浆液性浸润。胸、腹水及心包液呈微黄色。喉头、气管黏膜出血。心外膜、肺脏有出血点。肝脏有大量条索状黄色坏死灶,有时连成片状,表面粗糙不平。脾、肾出血,脂肪变性。肠黏膜充血、出血。

(3)防控措施 对兔群要加强饲养管理,防止受寒感冒,减少各种应激因素,避免长途运输,消除发病诱因,兔笼、兔舍及场地及时进行消毒。未发病家兔可用土霉素、磺胺类药物拌料进行预防,土霉素 20～30 毫克/千克体重,磺胺间甲氧嘧啶钠 100～150 毫克/千克体重,每日 2 次,连用 5 天。从外地引进种兔,由于饲养环境、条件以及气候的差异,特别容易诱发本病,因此,要尽量到没有发生过兔链球菌病的种兔场引种。引进的种兔在引进当天及过渡饲养期间应口服磺胺类药物预防,并隔离观察,确定无病后方可并群。

有条件的兔场可以用当地分离的链球菌制成氢氧化铝甲醛灭活苗,预防本病。也可以制备高免血清用于本兔场的兔链球菌病的特异治疗。

治疗可全群投服链霉素,口服参考用量每只 0.5 克,每日 3

次。在治疗急性病例时,应长、短效药物交替使用,对症综合治疗,以提高治愈率。做好器械、用具的消毒与更换使用,且兽医人员的衣服、鞋、帽也要经常更换消毒,以防止交叉感染。

73. 野兔热的发病特点有哪些?

本病是由土拉杆菌引起的兔的急性、热性、败血性传染病,临床上以体温升高、皮肤及皮下组织坏死、溃疡或者脓肿,鼻炎、体表淋巴结肿大、化脓和败血症为主要特征,是一种人兽共患传染病。

本病也叫土拉杆菌病。土拉杆菌为革兰氏阴性杆菌,是多形态细菌,在患病动物血液内近似球形,在动物组织中又呈长丝状。在培养基上又呈球状、杆状、豆状和丝状。不运动,有荚膜,无芽胞。美蓝染色呈两极染色。

细菌能产生内毒素和外毒素,外毒素引起组织水肿,内毒素引起组织坏死。细菌对外界的抵抗力强,在污染的土壤中可存活数天,在一般室温下能存活 1 周,在尸体和皮革中能存活 40～133 天。加热 60℃ 30 分钟、100℃ 1 分钟可将其杀死。1%高锰酸钾、5%来苏儿、1%甲醛溶液,15 分钟可将其杀死。

本病除了家兔外,许多动物都可感染,是重要的人兽共患传染病。啮齿类动物是本病的主要带菌者和传染源,最大的保菌动物是野兔。被啮齿动物污染的水源也是重要的感染来源。

可以通过吸血昆虫的叮咬传播,也可经消化道、呼吸道、损伤的皮肤和黏膜感染。发病季节主要在春末夏初,与吸血节肢昆虫的活动有很大的关系。常呈散发和地方流行,幼兔比成年兔更易感染。当外界各种因素的影响导致抵抗力下降的时候,可促进疫情的发生。当洪灾等大的自然灾害发生时,在动物中常呈地方流行,尤其以绵羊和羔羊发病较为严重,损失大。

74. 野兔热的主要症状、剖检变化有哪些,如何防控?

少数病兔病程很短,尤其幼兔多呈急性败血症经过,突然死亡,死前无明显的症状。多数病例表现为精神沉郁,食欲废绝,体温升高至 41℃ 以上,常有鼻炎,体表淋巴结尤其是颌下、颈下、腋下和腹股沟淋巴结肿大、化脓。病兔在唇、口腔黏膜、齿龈等处发生硬肿,继而发生坏死、溃疡。严重者在腿部、四肢关节、颌下颈部、面部以及胸前等部位的皮下组织发生坏死性炎症,形成脓肿和溃疡,并可侵入肌肉和其他组织造成蜂窝织炎。病灶破溃后发出恶臭气味,病程长达数周或数月。

剖检可见急性败血症变化。病程长者,口腔黏膜、舌面、齿龈、颈部和胸前皮肤、肌肉坏死。淋巴结显著增大,呈深红色,有针尖大小的灰白色干酪样坏死点。肝、脾、肾切面都有灰白色或乳白色针尖至豆粒大的坏死灶。

治疗首选药物为链霉素,20 万单位/只,肌内注射,每日 2 次,连用 5 天。土霉素,20~40 毫克/千克体重,肌内注射,每日 1 次,连用 5 天。恩诺沙星,10~15 毫克/千克体重,肌内注射,每日 2 次,连用 5 天;也可拌料和饮水。喹诺酮类药物诺氟沙星、沙拉沙星等也可选用。第三、第四代头孢菌素类药物疗效显著。

75. 兔李氏杆菌病的发病特点有哪些?

本病又称单核细胞增多症,是一种兔的急性散发性传染病,也可以引起人、啮齿动物、家畜、家禽的感染。主要表现是脑膜脑炎、败血症和流产。在兔则以急性败血症、流产和脑膜炎为特征。

病原李氏杆菌为一种细长的小杆菌,呈球杆状,革兰氏阳性菌,无芽胞和荚膜,有周鞭毛,嗜氧菌,抵抗力不强,一般的消毒药可以杀死本菌,在饲草饲料、青贮饲料、干草、干燥土壤和粪便中长期存活。

本病呈散发,有时呈地方流行。幼兔和妊娠母兔易感,病兔和带菌者为传染源,从患病动物的粪便、尿、乳、口眼鼻的分泌物中能分离到病原菌。老鼠是本病的重要的宿主。传播途径为消化道、呼吸道、眼结膜和皮肤伤口。饲草饲料、饮水是重要的传播媒介,吸血昆虫也可能传播。应激因素是重要的诱发因素。

76. 兔李氏杆菌病的主要症状、剖检变化有哪些,如何防控?

(1)临床症状 本病潜伏期2～8天。主要症状为脑膜炎、流产、结膜炎等。根据病程长短可分为急性型、亚急性型和慢性型。

①**急性型** 多见于幼兔,表现为精神沉郁,食欲废绝,消瘦。明显的结膜炎,鼻孔中流出浆液性和黏液性分泌物。体温升高至40℃以上,一般几小时至3天内死亡。

②**亚急性型** 表现为脑膜炎、子宫内膜炎。母兔在临产前2～3天出现精神沉郁,食欲不振,很快消瘦,从阴道内流出暗红色或棕红色的液体。分娩前1～2天死亡,有的在流产后几天死亡,而康复的兔一般长期不能妊娠。脑膜炎型表现为头呈弯曲状态,失去采食能力,试图行动时,会接连翻滚,逐渐消瘦而死亡。

③**慢性型** 主要表现为子宫内膜炎和脑膜炎。症状与亚急性相似,但病程长达6～8个月之久。

(2)病理变化 最急性病例主要表现败血症和内脏器官的充血、出血。急性和亚急性死亡的病例有肺出血性梗死灶和水肿,颈部淋巴结和肠系膜淋巴结肿大和水肿,肝、脾、肾和心肌有散在的或弥漫性的针尖头大、黄白色坏死灶,心包、胸腔积水。慢性死亡的病例,脾、淋巴结、特别是肠系膜淋巴结和腹股沟淋巴结显著增大。子宫内有脓性或红色渗出物,有的子宫内有变性胎儿或白色凝乳块状物,子宫内膜出血、增厚、死亡。有脑膜炎症状的病变,其脑膜和脑组织充血水肿,脑干变软,有细小化脓灶。

(3)防控 本病目前没有可供使用的疫苗预防,主要是搞好日常的卫生防疫。对病兔、死兔以及被污染的垫料要进行焚烧、深埋和消毒。从事养兔生产和病兔有关的工作(看护病兔、屠宰病兔和加工兔皮)的人员应加强对本病的个人防护,防止感染。

在发病初期,用大剂量的广谱抗生素疗效好。氨苄青霉素和链霉素各 25 毫克/千克体重,肌内注射,每日 2 次,连用 5 天。四环素或土霉素,30 毫克/千克体重,内服,每日 2 次,连用 5 天。青霉素(5 万单位)与庆大霉素(4 万单位)合用,分别肌内注射,每日 2 次,连用 5 天。恩诺沙星,15 毫克/千克体重,内服,每日 2 次,连用 5 天。

77. 兔假单胞菌病的发病特点有哪些?

本病又称绿脓杆菌病,是由绿脓假单胞菌引起的兔的以皮下脓肿、出血性肠炎、肺炎和败血症为特征的疾病。临床较为少见。为多种动物共患病。病菌为多形态的细长、中等大杆菌,革兰染色阴性。

本菌可以危害多种动物,其广泛存在于自然界,在土壤、下水道的污泥、湖泊沼泽地带均有存在,在人、畜的肠道、呼吸道和皮肤上也可发现,属于动物偶然寄生菌。带菌动物的粪便、尿液和分泌物所污染的饲草、饲料和饮水等是本病的主要传染源,可经消化道、呼吸道、伤口及注射针孔等途径感染。不合理使用抗生素预防和治疗兔病时也有可能诱发本病。本病多为散发,无明显季节性。

78. 兔假单胞菌病的主要症状、剖检变化有哪些？

患病兔精神高度沉郁，食欲下降或不食，气喘，体温升高，腹泻甚至排血样稀便，通常很快死亡。有的不表现任何症状突然死亡。外伤感染时，局部发炎并有蓝绿色变化或形成脓疮。

剖检变化表现为病兔胃内有血样液体，十二指肠、空肠黏膜出血，肠腔内充满血样液体。脾脏肿大，呈樱桃红色。肺脏有出血点或发生红色实变。慢性病例在肺部及其他器官如耳、皮下和外伤感染部位均可能形成淡绿色或褐色脓疮，内有淡绿色或褐色黏液，病灶破溃后有特殊的腥臭味。

取病料直接涂片镜检病原菌一般无实用价值，因脓汁中各种常见的革兰氏阴性菌如变形杆菌、大肠杆菌等在形态上与绿脓杆菌难以区别，因此必须进行细菌分离培养鉴定。

79. 兔假单胞菌病如何防控？

一是加强饲养管理，消除诱发因素，清除兔笼、用具中的锐利器物，避免拥挤，防止发生外伤和咬伤，保持兔舍的清洁卫生。做好防鼠工作。

二是发生外伤时及时处理。手术、治疗或免疫接种时，严格消毒，防止感染。

三是免疫接种。目前研制的有单价苗、多价苗、亚单位苗和类毒素等。也可用本地分离到的菌株试制自家疫苗进行免疫接种。发现病兔要及时隔离，彻底消毒，对假定健康兔群可全群进行紧急疫苗注射，以防扩大蔓延。

四是药物治疗。绿脓杆菌对多种抗生素易产生耐药性。所

以,在治疗时最好使用两种以上的药物合理配伍,交替使用,以达
到良好的治疗效果。多黏菌素 2 万～3 万单位/千克体重,每日 2
次,肌内注射。丁胺卡那霉素和羧苄青霉素联合用药有协同作用。
第三、第四代头孢菌素是抵抗绿脓假单胞菌的最有效的药物。环
丙沙星等喹诺酮类也是效果不错的药物。珍贵兔种可试用绿脓假
单胞菌抗血清进行治疗。还可用中药治疗。方用加味郁金散:郁
金、白头翁、黄柏、黄芩、黄连、栀子、大黄等各 1～2 份。按每日每
千克体重 2 克,内服,预防量减半。用法:开水冲后再焖 30 分钟,
拌入饲草饲料;或煎汤,用纱布过滤,加蔗糖少量灌服。

80. 兔坏死杆菌病的发病特点有哪些?

本病是由坏死杆菌引起的一种散发性传染病。临床上主要表
现为以皮肤和皮下组织的坏死、溃疡及脓肿为特征的散发性传染
病,尤其以侵害面部、头颈部、口舌部黏膜为主。

坏死杆菌是一种不运动、不形成芽胞、多形态的革兰氏阴性
菌,小的呈球杆状,大的呈长丝状,染色时因原生质浓缩而呈串珠
状,无鞭毛和荚膜。本菌为专性厌氧菌。能产生外毒素,引起组织
坏死。病原抵抗力不强,一般消毒药可以将其杀死。60℃ 30 分
钟或 100℃ 1 分钟即可杀死。病原广泛存在于自然界,在运动场、
饲养场、沼泽、土壤中均可发现,在健康动物的扁桃体和消化道为
常驻菌,可污染周围环境。

所有畜禽、野生动物和实验动物都易感。一般是通过皮肤和
黏膜的伤口感染,也可经血液而散到全身,引起脓毒败血症而死
亡。病兔和带菌动物污染环境、饲草饲料、饮水而引起病原的传
播。一般呈散发和地方流行,多雨、闷热、潮湿、污秽的环境、场地
泥泞、互相撕咬、吸血昆虫叮咬、各种原因引起的外伤、营养不良等
往往诱发本病。

81. 兔坏死杆菌病的主要症状、剖检变化有哪些,如何防控?

最常见的症状为伴有脓肿和溃疡形成的肿胀坏死,主要在唇、面部皮肤、头、颈、掌骨及脚底面。在下颌处的肌肉内经常有脓肿、坏死和溃疡。病灶破溃后往往发出恶臭味,如伴发坏死性肝炎,病兔逐渐消瘦,精神沉郁,体温升高,几天后死亡。病兔一般情况下体温不高,病程长,体重下降。

剖检变化主要为口腔黏膜、齿龈黏膜、舌面发生溃疡、坏死。皮肤和皮下组织,以及肌肉内可见脓肿、坏死区。下颌淋巴结及病变区淋巴结肿大,并伴有干酪样坏死。肝、脾、肾等脏器有脓肿坏死灶。有的伴有胸膜炎、心包炎及肠道黏膜坏死。各种坏死组织有特殊的臭味。组织切片镜检可见坏死杆菌呈放射状排列,靠近坏死区呈慢性炎症变化。

预防本病的发生,关键是在避免皮肤、黏膜损伤。保持兔舍、环境、用具的经常消毒、干燥,及时清除粪便、污水,避免拥挤,防止互相咬斗,笼具、饲槽、水槽要平整光滑,防止损伤皮肤。一旦发生外伤应及时进行外科处理,防止感染。要供应柔软清洁的饲草,防止刺伤口腔黏膜。一旦发生疫情,要及时隔离病兔进行治疗,严重病兔立即淘汰。彻底清扫兔笼,全面消毒,防止扩大感染。

治疗分为两种:①局部处理。首先清除坏死组织,用氧化剂型的消毒防腐药(如0.1%高锰酸钾溶液)冲洗口腔或患部,然后涂擦碘甘油,每日2次。其他部位的脓肿、溃疡可用3%过氧化氢或5%来苏儿冲洗,清洗后涂抹鱼石脂软膏或抗生素软膏如四环素软膏。②全身治疗。目的是控制全身感染。可使用如下药物:磺胺类如磺胺二甲嘧啶或磺胺间甲氧嘧啶,70~100毫克/千克体重,每日2次,连用5天。土霉素,30~35毫克/千克体重,每日2

次,连用 5 天。半合成青霉素类如氨苄青霉素,20 毫克/千克体重,每日 2 次,连用 5 天。

82. 兔布鲁氏菌病的发病特点有哪些?

本病是地方性慢性传染病,对畜牧业和人类的健康造成严重的危害,是重要的人兽共患传染病。各种野兔发生较多,但家兔的布鲁氏菌病目前还没有引起人们的广泛重视,需要引起注意。

该病以引起生殖等器官的网状内皮细胞组织受到侵害为主,临床上表现为雌兔生殖道发炎、流产,雄兔睾丸发炎。

布氏杆菌是一种革兰氏阴性菌,球杆状或短杆状细菌。属布氏杆菌属,属下有 6 个种:马耳他布鲁氏菌、流产布鲁氏菌、猪布鲁氏菌、林鼠布鲁氏菌、绵羊布鲁氏菌、犬布鲁氏菌。引起家兔发病的主要是前 3 种。布鲁氏菌在自然界的抵抗力很强,皮毛上可存活 1~4 个月,干燥土壤中存活 20~40 天,冷暗处流产胎儿内可存活 6 个月。1%来苏儿、1%甲醛、5%生石灰液为有效的消毒药。该菌对链霉素、四环素、磺胺类敏感。

本菌对多种动物均有不同程度的易感性,且易感性随动物性成熟而增高。病兔及带菌动物为传染源,受感染的妊娠动物和种用公畜最具危险性。主要经消化道、生殖道、呼吸道、皮肤和黏膜的接触、吸血昆虫叮咬。流产动物、患病动物的肉类、乳制品及被污染的皮毛是危险的传染源。本病常呈地方流行,以产仔、配种季节多发,且具有职业性,相关人员发病率高。

83. 兔布鲁氏菌病的主要症状、剖检变化有哪些,如何防控?

(1)临床症状 家兔、野兔多呈隐性经过,没有明显的临床症状,成为贮菌宿主。少数病兔生殖道发炎,阴唇发炎肿胀,阴道流出黏性或脓性分泌物,妊娠母兔可能发生流产,公兔常表现为睾丸发炎,肿大。

(2)病理变化　母兔的子宫蓄脓,黏膜发炎肿胀,有溃疡、坏死。雄兔阴囊有炎性渗出物。肺脏、肝脏、脾脏和淋巴结可见大小不等的脓肿。

(3)防控措施　无病地区,坚持自繁自养,严防本病传入,不从疫区引种或购入畜产品。新引进的家兔要进行严格检疫,隔离观察,证明没有疫情方可混入大群饲养。

本病流行地区,搞好检疫消毒工作,淘汰病兔,建立无病兔场群。严格隔离饲养,防止和其他畜群混养或接触。定期进行布鲁氏菌病的疫情监测工作,发现阳性兔要及时淘汰和严格消毒。

药物治疗可用链霉素,20 万单位/千克体重,肌内注射,每日 2次,连用 5 天。磺胺嘧啶,150～200 毫克/千克体重,肌内注射,每日 2 次,连用 5 天。土霉素,40 毫克/千克体重,肌内注射,每日 2次,连用 5 天。

84. 如何防控兔的结核病?

本病是以肺、肾、肝、脾、淋巴结、胸腹膜等发生肉芽肿炎症、机体消瘦为特征的传染病。结核病是家兔较少见的传染病。本病的病原是革兰氏染色阳性的结核分枝杆菌。结核病是严重的人兽共患传染病,其病原分为 3 个型:牛型、人型和禽型。

(1)发病特点　本病主要通过呼吸道、消化道传染,可因接触了被病兔污染的空气、饲草饲料、饮水等感染。传染源是病兔、带菌兔以及患结核病的其他动物,其排出的飞沫、鼻液、粪便、生殖道分泌物、乳汁都含有病原,也可经交配传染或皮肤创伤感染。

(2)临床症状　本病一般为慢性经过,表现为渐进性消瘦,食欲不振,厌食,结膜苍白,呈现贫血症状。有的体温升高,有的腹泻。有的表现为四肢关节肿大,骨骼变形,后躯麻痹。

(3)病理变化　剖检时可见尸体消瘦,内脏器官有大小不一、淡褐色至灰白色的结节,多见于肺脏、胸膜、支气管淋巴结、肠系膜淋巴结、肝、肾等脏器。结节中心为干酪样,外包结缔组织包囊。肺部的结节可互相联合形成空洞。小肠、盲肠以及大肠肠系膜的浆膜面上含有稍突起、坚硬、大小不等的结节,病变部位的肠黏膜面上出现溃疡,溃疡周围的肠壁为干酪样坏死。消化道的坏死常见于淋巴集结、圆小囊。全身淋巴结肿大,有的有干酪样坏死。

(4)防控措施　加强饲养管理,改善卫生条件,防止家兔与其他动物混养,新购入的家兔,必须有一定的隔离观察时间,方可混群饲养。发现病兔,立即淘汰,以建立无结核病兔群。治疗病兔可选择使用异烟肼、链霉素,但因病程长、用药多、难根治且是传染源,无治疗价值,建议尽快淘汰。对病兔污染的环境、用具、笼具、土壤要进行彻底的消毒、清扫,表土铲除,防止造成新的传染。

85. 如何防控兔的伪结核病?

伪结核病是由伪结核耶尔森氏菌引起的一种慢性消耗性疾病,以回肠、盲肠肠系膜淋巴结、肝脏、脾脏等部位发生干酪性坏死为特征,由于病灶与结核病相似,故称为伪结核病。

(1)病原　伪结核耶尔森氏菌分类上属于肠杆菌科、耶尔森氏菌属。是一种球杆状的多形态杆菌,革兰氏染色阴性,无荚膜,无芽胞,有鞭毛,脏器涂片经亚甲蓝染色多呈两极着色。在普通培养基、鲜血琼脂培养基和麦康凯琼脂培养基上均能生长。对外界环境的抵抗力不强,直射阳光、加热和常用消毒剂均可在短时间内将其杀灭。

(2)发病特点　在自然情况下,伪结核耶尔森氏菌可感染鸟类、哺乳动物(特别是啮齿目、兔形目动物),人也可感染致病。啮齿动物常是本菌的贮存宿主,带菌动物是传染源,通过粪尿排出病原体,污染环境、饲料和水源。消化道为主要传播途径,也可经损伤的皮肤、黏膜、呼吸道及泌尿生殖道感染。营养不良、寄生虫病和抵抗力下降时易诱发本病。

(3)临床症状　本病常取慢性经过,患兔表现为渐进性消瘦、腹泻、精神沉郁,食欲下降,被毛粗乱,衰弱迟钝,病程缓慢,直到极度消瘦时才死亡。少数病例呈急性败血症经过,表现为体温升高,呼吸困难,精神沉郁,食欲废绝,很快死亡。

(4)病理变化　剖检主要病变在盲肠蚓突和回盲部和圆小囊。蚓突肥厚硬肿如香肠状,圆小囊肿大变硬,浆膜下有灰白色干酪样小结节。少数病例相应部位的黏膜上有干酪样分泌物覆盖。肠系膜淋巴结肿大。并有大小不一的干酪样坏死灶。脾脏显著肿大,呈紫红色,常有大量的灰白色坏死灶。肝、肾、肺和肠道也有干酪样坏死灶,浅表的坏死灶可突出于器官表面。败血性病例,肝脾肾严重淤血,肠壁血管怒张,肺脏和气管黏膜出血,全身肌肉呈暗红色。

本病常与兔结核、球虫病相混淆。兔结核病虽在内脏也见有灰白色结节,但盲肠蚓突和圆小囊病变少见。慢性球虫病在肠黏膜和肝脏表面、切面有数量不等圆形、粟粒大小的黄白色结节,但蚓突和圆小囊不肿大,淋巴结也无变化。

(5)防控措施　加强饲养管理,改善兔场卫生条件,增强兔体抵抗力,防止寄生虫侵袭。搞好消毒、灭鼠工作,避免饲草饲料、饮水的污染。引入种兔或仔兔时要严格检疫。发现患兔或可疑兔时,要立即隔离淘汰,尸体深埋或焚烧,环境消毒,注意个人防护。有条件的可建立无病新兔群。

目前没有可供选择应用的有效疫苗,可分离流行病株灭活进行预防接种,有一定的预防效果。也没有有效的、可靠的治疗药物,可试用链霉素、卡那霉素、四环素和磺胺类药物减少死亡。一般没有治疗价值,建议淘汰。

86. 如何防控兔的放线菌病?

本病是由放线菌引起的一种散发性传染病,以骨髓炎和皮下脓肿为特征。

(1)病原 引起家兔发病的主要是牛放线菌,其次为伊氏放线菌和林氏放线菌。在动物组织中呈现带有辐射状菌丝的颗粒性聚集物——菌芝。外观呈硫黄颗粒状,质软或坚硬,灰色、灰黄色或微棕色。制片经革兰染色,中心菌体呈紫色,周围辐射状菌丝呈红色。本菌在自然环境中可长期生存,对消毒剂敏感,一般消毒剂均能达到消毒目的,对于青霉素及碘化合物敏感,其次是金霉素和土霉素。

(2)发病特点 在污染的饲料、饮水、土壤中,以及动物口腔和上呼吸道中,广泛存在本菌。只要皮肤病和黏膜发生损伤,便有可能感染,特别是喂粗硬饲草时,发病的机会增加,所以在家兔常常为散发。

(3)病理变化 主要是在下颌、鼻骨、足、跗关节、腰椎骨形成骨髓炎。受害部位肿胀,皮下组织也出现炎症,甚至形成脓肿或囊肿。病程长者,结缔组织内出现致密的肿瘤样团块。有的脓肿破溃成瘘管。病变多见于头部及颌部。

(4)防控措施 目前尚没有预防本病的疫苗,主要依靠加强平时的饲养管理。如饲喂柔软的干草,防止口腔及皮肤的损伤,发现伤口及时进行外科处理。

治疗本病时,软组织病灶经治疗可能康复,但是骨的病变则难以康复。对局限性病灶,只要界限清楚,可用外科手术的方法切除,或用烧烙的方法将病灶烧烙净。创口用碘配纱布充填引流,每天更换一次纱布。同时，每天口服碘化钾，对治疗舌、咽、皮肤及皮下放线菌肿效果较好。全身肌内注射或静脉注射青霉素、链霉素效果更好。

87. 什么是兔密螺旋体病，如何防控？

本病又称兔梅毒病，是由兔密螺旋体引起成年兔的一种常见的慢性传染病。以外生殖器、肛门部及颜面部的皮肤和黏膜发生炎症、水肿、结节和溃疡为特征。

(1)病原　病原是极纤细的螺旋形细菌，暗视野显微镜检查，可见其做旋转运动。一般染色困难，常用印度墨汁、姬姆萨染色。革兰氏染色阴性，但着色较差。

(2)发病特点　本病只发生于家兔和野兔，主要危害成年兔，幼兔少见。主要传染源是病兔和痊愈兔，病菌主要存在于病兔的外生殖器官的病灶中，通过交配经生殖道感染，一般育龄母兔的发病率比公兔高。也可以由污染的垫草、用具、饲料等传播，放养和群养兔因相互接触频繁，易于本病的传播，故其发病率比笼养兔高。兔群流行本病时发病率较高，但几乎很少死亡。

(3)临床症状　本病潜伏期较长，一般 2～10 周不等，发病后呈慢性经过，可持续数月。无明显全身症状，仅见局部病变。初期表现为患病公兔龟头、包皮和阴囊的皮肤，母兔阴唇和肛门四周的皮肤、黏膜发红和肿胀，出现粟粒大小结节，以后结节及肿胀部位湿润，有浆液性渗出物流出，继之出现紫红色、棕红色结痂，结痂脱落后形成溃疡，溃疡面高低不平，边缘不齐，易于出血。病兔因挠抓可将病灶中分泌物内的病原体带至其他部位，因而可使病变扩延至其他部位，如鼻、眼睑、唇、下颌、爪等。慢性病例可见其病变部呈干燥的鳞片状、稍突起，睾丸也会有坏死灶，腹股沟淋巴结肿胀，长期不消失。本病对公兔不影响性欲，但母兔受胎率大大下降,所生仔兔生活力差,妊娠母兔可能发生流产,一般对全身没有明显影响,病兔可自行康复,但可再度感染。

(4)病理变化 主要是外生殖器的皮肤和黏膜的发红、肿胀、渗出和溃疡病变,慢性病例可见其病变部稍突起并呈干燥的鳞片状。

诊断本病可由外生殖器的典型病变做出初步诊断,但确诊应以病原体的检出为根据。取病变部位的黏膜或溃疡面的渗出液等涂片、固定、姬姆萨染色,以暗视野显微镜检查见有密螺旋体即可确诊。

(5)防控措施 严防引入病兔,配种前详细检查公、母兔外生殖器是否有病变,严禁用病兔或疑似病兔配种,对病兔和可疑病兔停止配种,隔离饲养或淘汰,彻底清除污物,用1%～2%火碱水或2%～3%来苏儿消毒兔笼和用具等,防止疾病继续传播。发生本病时,早期可用新肿凡纳明。以灭菌蒸馏水配成5%溶液,静脉注射,每千克体重40～60毫克,必要时2周后重复1次。也可以用青霉素和链霉素同时肌内注射,每天2次,每次青霉素2万～5万单位、链霉素5万～10万单位,连用5天。病变局部可先用2%硼酸或0.1%高锰酸钾溶液冲洗干净后,再涂以碘甘油或青霉素软膏即可。

88. 什么是疏螺旋体病,如何防控?

本病又叫莱姆病,是由伯氏疏螺旋体引起的经蜱传播的一种自然疫源性人兽共患传染病。临床上以叮咬处皮损、发热、关节肿胀疼痛、脑炎和心肌炎为主要特征。

(1)病原 为伯氏疏螺旋体,菌体为疏松的左手螺旋状,两端尖锐,通常有7个螺旋,菌体中央有7根轴丝,能做扭曲和翻转运动,长5～40微米,平均30微米,直径0.2～0.3微米。能通过细菌滤器。革兰氏染色阴性。本菌对外界的抵抗力弱,对青霉素、四环素及红霉素敏感,而对硫酸庆大霉素、新霉素、卡那霉素等有抵抗力。

(2)发病特点 蜱类为主要传播媒介,又是传染源。现已发现多种蜱、蚊和部分蝇都可携带病原体,主要通过媒介蜱和吸血昆虫的叮咬而传播。也可以通过直接接触而水平传播,或随蜱类粪便污染创口而传染。各个年龄和各种品种的家兔都可感染发病。具有明显的季节性,多于6~9月份发生,常呈地方流行性。在蜱类、吸血昆虫及鼠类数量多、活动范围广的山区、林区易发生本病的流行。

(3)临床症状 病原在皮肤中缓慢增殖和扩散,造成皮肤红肿、发炎等损伤。当其增殖到一定数量时可侵入血液而散布全身,引起机体发热,关节肿胀、疼痛以及神经系统、循环系统及泌尿系统等的损伤,并表现相应的临床症状。

(4)病理变化 主要是四肢关节肿大,关节囊增厚,含有多量的淡红色液体,全身淋巴结肿胀、心肌炎及肾小球肾炎等。

(5)防控措施 彻底消灭蜱类、吸血昆虫类,夏季可用驱避剂和杀虫药杀灭蜱类和吸血昆虫。工作人员、兔场饲养员要穿隔离服,注意自身防护,以免感染。早发现早治疗,晚期治疗效果不如早期好。可采用以下药物进行治疗。青霉素,10万~15万单位/只,肌内注射,每日2次,连用5天。多西环素,10~15毫克/千克体重,内服或肌内注射,每日1次,连用5天。头孢菌素类,20~30毫克/千克体重,肌内注射,每日2次,连用5天。四环素,200~250毫克,每只兔每日内服1次。

89. 什么是肺炎球菌病,如何防控?

本病是由肺炎双球菌引起的一种呼吸道传染病。

(1)病原 病原菌呈矛状,革兰氏染色阳性,对外界抵抗力不强,一般消毒药可很快将其杀死。

(2)发病特点 本病主要危害兔,一般多发生于成年兔和妊娠兔,患病兔是主要的传染源,主要经消化道和呼吸道感染,亦可经胎盘感染。

(3)临床症状 患病兔表现感冒症状,精神沉郁,食欲下降,恶动,体温升高,咳嗽,流鼻涕,严重时可突然死亡。

(4)病理变化 剖检可见肺部有许多脓肿病灶,广泛性淤血、出血、局部水肿。有纤维素性胸膜炎、心包炎,心包、肺和胸膜之间常发生粘连。肝脏肿大、发生脂肪性变,脾脏肿大,子宫和阴道黏膜出血,兔的两耳也可发生化脓性炎症。新生仔兔常呈败血症死亡。

本病应注意与支气管败血波氏杆菌病、巴氏杆菌病、链球菌病等相区别。

(5)防控措施 本病目前还没有菌苗可用于预防,主要是加强饲养管理,平日多观察,一旦发现可疑病兔,要立即隔离、治疗,同时搞好环境卫生和消毒工作。

治疗可选用下列药物:青霉素、链霉素各 10 万单位,肌内注射,每天 2 次,连用 3 天。新霉素,每只按 4 万～8 万单位肌内注射,每天 2 次,连用 3 天。磺胺二甲氧嘧啶与二甲氧苄氨嘧啶按 5∶1 混合,以每千克饲料 120～130 毫克的浓度混饲,连用 5～7 天。新诺明(片剂,每片 0.5 克),内服,首次用量按每千克体重 0.1 克,维持量每千克体重 0.05 克,每日 2 次。对种兔,可同时使用高免血清注射,每天 1 次,每次 10～15 毫升,连用 2～3 天。

90. 什么是肺炎克雷伯菌病,如何防控?

本菌病是一种由克雷伯菌引起的多种哺乳动物和禽类的一种

传染病,在临床上以青年兔和成年兔发生肺炎和其他器官化脓性病灶,仔兔发生腹泻为特征。

(1)病原 克雷伯菌属肠杆菌科、克雷伯杆菌属。为革兰氏阴性菌。无鞭毛、有菌毛、有明显的荚膜、不能运动。

(2)发病特点 本病各种年龄、品种的兔均有易感性,但幼兔的易感性高,发病率、死亡率都高。主要的传播途径是呼吸道,也可经泌尿系统和皮肤感染,本病一年四季均可发生,一般呈散发性流行。饲养管理不良、卫生条件差、兔舍潮湿、温度过高、突然断奶或更换饲料等到各种引起家兔应激的因素都可以诱发本病的发生。

(3)临床症状 兔由于病程长而无特殊的临床症状。病兔一般表现食欲不振,进行性消瘦,被毛粗乱,运动迟缓,呼吸快而急促。幼兔体温升高,精神沉郁,运动迟缓,食欲废绝,饮水增加,排褐色糊状粪便。肛门被毛污染。病程多为 1～3 天,长的可达 4～5 天,但均以死亡告终。

(4)病理变化 兔的肺部及其他器官、皮下、肌肉有脓肿,脓液呈灰白色或白色黏稠物。幼兔的肠道黏膜出血、充血最为严重,以盲肠浆膜为最。肠腔充满黏稠物和少量气体,肠系膜淋巴结肿大。肝脏肿大,有少量白色坏死点。肺脏有针尖大的出血点。部分病例腹腔有少量淡红色积液。

(5)防控措施 加强饲养管理,尽量消除应激,防止诱发本病的发生。搞好环境卫生,定期消毒和有病时的紧急消毒。目前没有有效的疫苗,可以采集本场分离的菌株自制氢氧化铝灭活苗,给 30 日龄以上的家兔皮下注射。每只 1 毫升,效果良好。在饲料中添加一些对革兰氏阴性菌有效的抗菌药物,如磺胺类、喹诺酮类药物,可预防本病的发生。

治疗可选择下列药物:恩诺沙星,5～10 毫克/千克体重,肌内注射,每日 2 次,连用 5 天。氧氟沙星,5 毫克/千克体重,肌内注射,每日2次,连用5天。丁胺卡那霉素,5毫克/千克体重,肌内注射,每日2次,连用5天。硫酸庆大霉素,5～10毫克/千克体重,肌内注射,每日2次,连用5天。硫酸黏杆菌素,5毫升/千克体重,肌内注射,每日2次,连用5天。

对体表的脓肿,应待脓肿成熟后切开排脓,创伤用3%过氧化氢溶液冲洗,撒布磺胺粉或涂布抗生素软膏。深部脓肿要放一消毒含抗生素的引流纱布。

91. 什么是兔衣原体病,如何防控?

本病又叫鸟疫或鹦鹉热,是由鹦鹉热衣原体引起的人兽共患传染病,也是一种自然疫源性传染病。在临床上以引起人类、鸟类、禽类和多种哺乳动物的肺炎、肠炎、结膜炎、流产、多发性关节炎、脑脊髓炎及尿道炎为特征。

(1)病原 鹦鹉热衣原体在分类上属于衣原体科、衣原体属。鹦鹉热衣原体是人兽共患病病原体,也是国际《禁止生物武器公约》所列出的八种细菌战剂之一。

(2)流行特点 鹦鹉热衣原体可感染多种畜禽,多为隐性经过。本病禽类感染为鹦鹉热或鸟疫。许多野生动物和禽类是本菌的自然宿主。本病经呼吸道、消化道及损伤的皮肤而感染,也可经蜱螨等吸血昆虫叮咬传播。各种年龄的家兔均易感,但对幼兔危害严重。

(3)临床症状 病兔呈高热、精神沉郁、结膜发炎、眼鼻有脓性分泌物,呼吸困难、咳嗽,幼兔可发生水样腹泻,虚弱,消瘦,常呈急性死亡。妊娠母兔可发生流产和死亡。

(4)病理变化 消化道为出血性炎症,肠道充满液体性或气体性的内容物;肺脏呈现出局灶性病变,有坏死灶,气管充血、出血。母兔胎盘发生炎症或坏死。

(5)防制措施 加强饲养管理,搞好兔群检疫工作,防止禽类侵入兔舍,消除降低兔群机体抵抗力的各种因素。发现患兔应及时隔离,彻底消毒,并给兔群服用土霉素或金霉素等抗生素,内服或混入饲料、饮水中,0.1～0.2毫克/千克体重。病兔治疗可用红霉素,每次每只肌内注射50～100毫克,每日2次,连用5天。同时采取其他对症治疗措施。

92. 什么是类鼻疽,如何防控?

本病是由类鼻疽假单胞杆菌引起的多种动物和人的一种细菌性传染病。临床症状是急性败血病,皮肤、肺、肝、淋巴结、脾等处形成结节和脓肿,鼻腔和眼结膜有脓性分泌物,有时出现关节炎。

(1)病原 类鼻疽杆菌为革兰氏阴性菌,单个、成双、短链或栅栏状排列,具有两极浓染的特性。有3～8根鞭毛,菌体两端钝圆,呈球杆状。病料用姬姆萨染色可见假荚膜。本菌具有对多种抗生素的天然耐药性,对其敏感的药物主要有四环素、卡那霉素和磺胺类。

(2)流行特点 易感动物为啮齿类动物,也可使马、牛、羊、猪和人等感染发病。传播途径主要是伤口、消化道和呼吸道。本病原的自然疫源性与环境的温度、湿度、雨量、水与土壤的性状有密切的关系,特别适合在南方的热带或亚热带地区生存,在稻田水、稻田泥土分离率较高。降雨量和洪水泛滥与本病的发生呈正相关,也就是说洪水的泛滥容易造成本病的流行。

(3)临床症状 急性型多见于幼兔,表现为厌食、发热、咳嗽、鼻眼流出脓性分泌物,关节肿胀,运动失调,公兔睾丸肿大,病程1～2周,死亡率不高。成年兔一般表现慢性和隐性经过,临床症状不明显。常呈地方流行,偶尔暴发流行。

(4)病理变化 肺脏有脓肿或肝变区,肝、脾、肾、淋巴结、睾丸、或关节有散在的、大小不等的结节,其内含有脓稠的干酪样物质。有神经症状的病例可见脑膜脑炎。后躯麻痹的多在腰荐部脊髓出现脓肿。

(5)防控措施 加强检疫,防止引入患病动物或带菌动物污染兔场;新发病兔场要严格执行疫病防控规定,严格扑杀发病家兔,严格消毒,防止污染土壤、水源、饲草饲料。同群动物要进行积极的预防治疗,防止感染。

发病动物应及时隔离、消毒、扑杀。死亡的尸体、应进行焚烧或高温无害化处理,严禁食用。

93. 什么是兔支原体病,如何防控?

本病是由支原体引起的家兔的一种慢性、呼吸道传染病。临床上以呼吸道和关节的炎症为主要特征。

(1)病原 支原体为无细胞壁、只有 3 层极薄的膜组成的细胞,呈多形态微生物,有环状、球状、点状、杆状和两极状。本菌不易染色,可用姬姆萨或瑞氏染色。可在支原体专用培养基上生长,对外界的抵抗力不强,1℃～4℃可存活 4～7 天,但耐低温。

(2)流行特点 易感动物为各种年龄、品种的兔。但以幼兔发病率高,呼吸道是主要的传播途径,也可经其他途径感染。病原在家兔的呼吸道都可分离到,是一种呼吸道寄生菌。本病一年四季均可发生,但以早春和秋冬寒冷季节多见。环境的突然变化、忽冷忽热、空气污染、受寒感冒等均可诱发本病。

(3)临床症状 主要表现为流浆液性或黏液性鼻液,咳嗽,呼吸困难,食欲废绝或减少,运动减少,有的病兔四肢关节肿大、屈曲不灵活。

(4)病理变化 肺水肿、气肿和肝变。气管内有泡沫样液体,其他病变不明显。

(5)防控措施　加强对兔群的饲养管理,搞好兔舍及环境卫生,防止受寒感冒,消除各种应激因素。坚持各项兽医卫生消毒制度。不从疫区引进兔种,需要引进时必须进行严格检疫,并隔离观察 1 个月以上,确认健康者方可混群。

发生疫情时,病兔隔离治疗或淘汰,防止扩大蔓延。未发病兔可用 0.5%过氧乙酸或 2%火碱消毒。死亡病兔及排泄物一律烧毁。药物治疗可用卡那霉素,20～30 毫克/千克体重,肌内注射,每日 2 次,连用 5 天。同时用土霉素饮水,20～30 毫克/千克体重。其他可选择对支原体有效的药物如林可霉素、泰乐菌素、支原净、喹诺酮类。应用泰乐菌素或支原净治疗、预防均有良好效果:治疗时,泰乐菌素按 100 毫克/千克体重加水饮用,1 天 1 次,4 天为 1 个疗程,间隔 4 天再加喂 1 个疗程;预防时剂量减半。紧急接种取病死兔肺脏、气管制成组织灭活苗紧急接种,皮下注射,1 毫升/只。每周用 0.2%新洁尔灭喷雾消毒兔舍、笼架、兔体。病死兔和淘汰兔用笼、食槽、饮水器煮沸消毒,笼架、粪板、地板等火焰消毒。

94. 什么是皮肤真菌病,如何防控?

本病是由须毛癣菌和石膏样小孢子菌引起的以皮肤角化、炎性坏死、脱毛、脱屑为特征的传染病。

(1)病原　须毛癣菌分类上属于毛癣菌属,石膏样小孢子菌分类上属于小孢子菌属。须毛癣菌孢子呈链状,沿毛干长轴有规则的排列在毛干外缘(毛外型)、毛内(毛内型)以及毛内外型(混合型),其小分生孢子由侧支丛生而呈葡萄状。石膏样小孢子菌孢子和菌丝主要分布于毛根和毛干周围,并镶嵌成厚鞘,孢子不进入毛干内。皮肤真菌的抵抗力很强,耐干燥,对一般的消毒剂耐受性好,常用 2%～5%氢氧化钠溶液、0.5%过氧化乙酸和 2%甲醛溶液消毒环境、兔舍和笼具。真菌对一般抗生素和磺胺类药物不敏感。制霉菌素、两性霉素 B 和灰黄霉素对本菌有抑制作用。

(2)流行特点　真菌可依附于动植物体上,生存于土壤之中或存在于体外各种环境。人、各种畜禽、野生动物以及各种实验动物对其均易感。在家兔主要以侵害幼兔为主。通过直接接触和经受污染的土壤、饮水、饲草饲料及用具等传播媒介而感染。营养缺乏,皮肤和被毛卫生不良,环境拥挤、潮湿、污秽、气温高、湿度大等均有利于本病传播。

(3)临床症状及病理变化　本病常起始于头部或头部周围,局部瘤痒,随后蔓延至四肢和躯体其他部位。患部被毛折断、脱落,形成圆形或不规则的脱毛区,表面覆盖灰白色厚鳞屑,并发生炎性变化,初为红斑、丘疹和水疱,最后形成痂皮。病兔躁动不安,食欲低下,逐渐消瘦。部分病兔可并发结膜炎,脓性分泌物使上下眼睑粘连。少数病兔因继发腹泻或呼吸道感染而死亡。

(4)防控措施　加强饲养管理,搞好圈舍和兔体卫生,严格检疫,防止患病兔混入健康兔群。发现病兔,隔离治疗或淘汰;环境、用具用 2%氢氧化钠溶液或 0.5%过氧乙酸严格消毒。

治疗病兔先用 0.1%新洁尔灭溶液洗净患部,涂搽灰黄霉素、酮唑康软膏,连用 1 周,也可用 10%水杨酸、2%甲醛溶液、制霉菌素软膏。灰黄霉素按 20 毫克/千克体重制成水剂,内服,每日 1 次,连用 2 周。

95. 什么是曲霉菌病?

本病又叫深部真菌病,是由曲霉菌属的真菌引起的一种人兽共患传染病。临床上的主要特征是呼吸器官发生炎症,并形成肉芽肿结节。

曲霉菌能产生毒素,可使家兔发生痉挛、麻痹和组织坏死。各种年龄和品种的家兔均有易感性,但以幼兔多发。一年四季都可发生,以梅雨季节多发。兔舍潮湿、阴暗、闷热、通风不良导致饲草饲料、垫料等发霉,均易引发本病。

病兔表现精神沉郁,逐渐消瘦,被毛粗乱,体温升高,呼吸困难,有的病兔眼结膜肿胀,有分泌物,眼球发绀,最后多因消瘦、衰弱而死亡。病程多为 2～7 天,轻度感染者症状不明显。

剖检变化为肺脏表面、组织内及胸膜下均有大小不等的黄白色、圆形的结节或坏死灶,结节内容物呈黄色干酪样。肝肿大,边缘有黄白色结节。

96. 曲霉菌病的防控措施有哪些?

淘汰病兔。对无治疗价值,特别是对真菌病与疥螨病混合感染的病兔,一律进行淘汰。

(1)治兔 对患病兔要集中在一起隔离治疗。①剪掉患部周围 1 厘米的被毛,用来苏水在皮肤上反复涂擦,再涂上碘酊,每天 1 次,连用 7 天即愈。②对病部在眼圈部位的病兔,用达克宁软膏加热融化,加 10％水杨酸涂抹,一般用药 2～3 天后皮肤变的有弹性并开始长毛。③10％水杨酸软膏、制霉菌素软膏、2％甲醛溶液软膏都有疗效,每日 2 次,连用 3 天。④灰黄霉素,对兔群全身彻底治疗,按每千克体重每天 25 毫克口服,连用 15 天,效果明显,如果结合局部治疗,可使兔群很快得到控制。灰黄霉素,按每千克体重每天 25 毫克拌料(做成颗粒饲料),对兔群连喂 15～30 天,以达到彻底治疗目的。

(2)治窝 根据真菌病传染性强,发病率高和容易复发的特点,在对兔群严检严防早治疗的同时,必须消灭传染源,截断传染途径。对发病或出现死亡的兔笼位、产箱要进行彻底的清理和消毒,最好采用火焰消毒,病兔所用的食槽要用消毒药浸泡,所排的污物不要扫入粪尿沟,应装入塑料袋深埋或烧毁,使用的扫帚、用具用完后要及时消毒。

(3)保持环境卫生

①消毒　首先要保持兔舍的通风和干燥,选用有效的药物对兔舍、地面、走道、粪尿沟等进行消毒,消毒前应将地面、走道、粪尿沟清扫干净,喷雾药液必须充足、均匀,保持湿度 15 分钟以上,可交替选用 3%～5%来苏儿、2%～4%火碱溶液等,每隔 5～7 天消毒 1 次。对发病兔群,最好采取带兔消毒,消毒药液配制应严格按照剂量标准,选择无臭、无刺激、附着力强、高效低毒的消毒剂,如0.02%百毒杀,0.03%季铵盐碘等,每 3～5 天带兔消毒 1 次。带兔消毒必须注意加强兔舍的通风换气,寒冷季节注意保暖(如果兔舍湿度过大,可用白灰撒在地面上进行吸湿)。凡是与病兔接触的地方和所有用具都要进行紧急消毒。扫帚、饲料车、推粪车等要每天消毒 1 次。

②对饲养人员的要求　凡是进入兔舍的饲养人员,必须换工作服、鞋、脚踏消毒后方可入内;洗手消毒后才能开始工作,饲养人员应具备 2 套工作服,每天工作完毕应将工作服洗净、消毒备用。凡是接触过病兔、污物的饲养人员都要洗手后才开始工作,饲养人员所用的手巾、工作服应定期煮沸消毒,衣服、被褥定期暴晒。

总之,要防治真菌病的发生,彻底消灭传染源,截断传染途径是关键,只有做到治身、治窝和环境消毒向相结合,才能使病原无法生存和扩散,对健康兔和不断出生的仔兔起到预防和保护作用。

97. 兔鼓胀病的发病原因有哪些,如何防控?

本病是由多种病原引起的、以肠道严重臌气为特征的疾病。临床可见兔伏卧不动,绝食;腹部膨大突出,呈青蛙肚;严重的可见磨牙流涎,呼吸困难和黏膜发绀,最终窒息死亡。

（1）发病原因

①**饲料因素**　包括 4 种：

一是日粮中蛋白质的含量过高。当日粮中的蛋白质,加上内源性蛋白质（黏多糖,上皮细胞蛋白质,酶）的含量高于兔体所需水平,而消化吸收能力降低时,未被消化的多肽或未被吸收的氨基酸在肠道中被细菌发酵,产生大量氨气等气体。

二是喂以高淀粉、低纤维素日粮时,由于未被消化的可溶性碳水化合物到达后肠,造成后肠碳水化合物过度负荷,被细菌降解发酵产生大量挥发性脂肪酸、二氧化碳、硫化氢、酚、吲哚、甲烷等气体。

三是饲料中抗营养因子的影响,这主要包括非淀粉多糖和植酸。前者包括纤维素、木质素、葡聚糖、果糖及低聚糖等,阻止了肠消化液与食糜的充分混合,妨碍营养物质的消化吸收,使营养物到达后肠被细菌酵解产生气体。后者广泛存在于饲料原料中,多以植酸盐的形式存在,且很容易与钙、镁、铁、锌螯合成不溶性的复合物,这些植酸盐不但影响到矿物质的吸收,而且还能抑制消化酶的活性,影响到营养物质的消化,引起细菌的发酵产生气体。

四是饲料霉变时所含有的霉菌毒素能损害肠黏膜引起胃肠道的炎症如胃溃疡、卡他炎症,影响消化液的分泌,降低消化力,残存的营养物质被细菌发酵产生气体。

②**管理因素**　断奶后幼兔贪食,过多的饲料在胃肠道中难以消化引起产气。喂给含水量多的青绿饲料易引发鼓胀。饮水不足,导致消化吸收功能下降易引发臌气。

③**胃肠活力的降低**　由于幼兔植物性神经的调节作用尚未发育完善,所以在饲料、应激、管理等因素的影响下,易发生本病。

胃液分泌减少而使 pH 值升高,正常 pH 值为 2.2,当 pH 值大于 3.6 时,胃蛋白酶的活性显著降低,不但使胃内蛋白质腐败发酵加剧,而且使到达后肠的蛋白质增加,细菌分解后产气增加。

肠道消化液分泌减少,营养物未被完全消化到达后肠,引起发酵产气。

胃肠道蠕动减弱,易形成胃积食和食糜在肠道滞留时间延长,致使腐败过程加剧,产生气体。

④应激影响 断奶后幼兔正处于断奶应激和免疫应激双重作用,此时免疫力低下,抵抗力下降,影响正常的消化功能,易发生消化道障碍。

⑤球虫感染 球虫感染破坏大量肠上皮细胞,使细胞崩解破裂,脱落出血,影响消化液的分泌,致使消化力降低,与此同时,由于球虫的增殖需消耗宿主细胞中大量的氧气,致使黏膜产生大量乳酸,造成肠道 pH 值下降,使各种消化酶的消化能力降低,最终造成未被消化的物质腐败发酵,产生气体。

(2)防控措施 ①饲料中添加酶制剂,以补充内源性消化酶的不足,分解饲料中的抗营养因子,提高不被内源酶分解的多糖和蛋白质的利用率,减少环境污染,降低饲料成本。②饲料中添加酸化剂,如营养酸等。③饲料中添加寡糖和微生态制剂,如 HEM 益生素等,寡糖是微生态制剂的促进剂。④饲料中添加健胃促消化的中草药制剂,如兔康宝等。

治疗可使用健胃促消化、收敛制酵等方面的药物,如大蒜酊、鱼石脂、鞣酸蛋白、多酶片、乳酶生、大黄片、人工盐等。在饲料中使用杆菌肽锌、阿布拉霉菌素、泰妙菌素等,可以有效降低死亡率。

98. 仔兔黄尿病的症状及防控措施有哪些?

黄尿病是仔兔急性肠炎的俗称,由金黄色葡萄球菌感染所致,多发生于出生后 1 周左右。

(1)发病原因 ①与母兔乳房炎的关系。一般来说黄尿病与母兔乳房炎有直接关系。②与垫料的关系。环境污染,特别是不洁垫草,是黄尿病的重要诱因。不洁垫草含有化脓性病原菌,除葡萄球菌外,还有如链球菌、棒状杆菌、放线菌等,严重污染母兔乳房,在仔兔吮乳时吃进消化道,再加上仔兔产箱内的严重污染,以及气载性致病菌的吸入,都可能成为黄尿病的致病原因。③同窝感染问题。过去多认为黄尿病是全窝感染。据报道,哺乳仔兔的胃中含一种具有抗菌效能叫做"胃油"的物质。这些物质就是奶在胃或小肠中被分解产生的几种脂肪酸。这些抗菌物质的数量及其活性与母兔泌乳力有关,与仔兔的吃奶量有关,所以发现哺乳仔兔多的窝有发病率高且治愈率低的趋势。

(2)**临床症状** 主要特征是后躯下肢潮湿发黏,色黄味腥,严重者很快消瘦,昏睡,爬动无力,腹部凹,皮肤松皱,拿在手掌绵软无力;病程3~5天,如果3天内未死则有救活的希望,即使活下来,发育缓慢,明显小于同窝。但有时有的仔兔肛门上黏附黄色的粪便,肛门局部较湿,而仔兔外表活泼好动时,并非黄尿病。

(3)**防控** 治疗原则是消炎、抗菌、止泻加营养支持。主要的用药是兔肠菌康5毫升+葡萄糖+高能速补5毫升,供10只病兔灌服;或用氟苯尼考1毫升代替兔肠菌康,每天1次,直至康复(或死亡),一般3~5天即见结果。出生后发病早的难于治疗,10多天以后发病的治疗效果较好,出生重大的(70克以上),窝产仔数少的,发现早的,以及母兔哺乳能力高的治疗效果较好,总的治愈率69.6%;除仔兔治疗外,发病窝的母兔肌内注射长效土霉素0.5毫升,或口服新诺明,每日1片,连用3天。

本病的治疗必须辅以营养支持和解毒,仅靠消炎效果很差。兔肠菌康具有清热、祛湿、解毒、涩肠、止痢、健脾之功效。葡萄糖具营养和解毒作用。高能速补含氨基酸、维生素、脂肪等营养物质,这种综合治疗对处于吃不上奶的瘦弱仔兔尤为重要。

99. 兔流行性腹胀病的发病原因及特点有哪些?

(1)流行特点 全年均可发生,春、秋两季多发,各年龄和品种均可感染,以 1~3 月龄的幼兔为甚。尽管有地方性流行性,但同一地区兔场间有很大差异。饲养管理较好的兔场很少发病。而卫生和管理不善的兔场发病率较高。

(2)发病原因 可能与下列因素有关:①消化道冷应激,如饲喂了部分受冻饲料。②采食过量。凡是自由采食的,均可发病,而控制采食量可较好地控制该病。③饲料发霉。④突然换料。没有经过饲料过渡,直接更换饲料易导致该病的发生。⑤其他疾病,很多病例是混合感染,包括与大肠杆菌、球虫、魏氏梭菌、巴氏杆菌、波氏杆菌等。⑥环境应激。包括断奶应激、气候突变、转群或长途运输等。

可以肯定,流行性腹胀病是一种由特定病原菌引起的传染性疾病。但是,目前尚不清楚具体的病原菌。从患兔消化道中分离的单一细菌不能复制该疾病。是否有某种病毒或其他病原菌存在,有待研究。凡是发病的兔场,多数是经验不足的新上兔场或管理不善的兔场。特别是卫生较差、湿度较高和饲料质量存在一定问题的兔场。

(3)临床症状 以胃肠臌气为主要特征。患兔精神沉郁,食欲减退,体温变化不明显;粪便不整,有的腹泻,有的便秘,有的排出胶冻样物;腹胀如鼓,腹部触诊有的有硬物,晃动兔体有流水声。病程一般 3 天左右,难以自愈。所用一般的抗生素和化学药物效果均不明显。

剖检可见胃部鼓胀,上气下水,胃黏膜脱落,有的出现溃疡斑;小肠充满气体和稀薄内容物,部分肠壁出血和水肿;盲肠高度充气,内容物多数干硬;结肠和直肠多数充满胶冻样物,肠壁高度水肿。个别患兔肝、肾、脾肿大出血,肺淤血或出血。

100. 兔流行性腹胀病的防控措施有哪些?

日前临床上多采用多种抗生素和化学药物进行治疗,但效果并不十分理想。而采取综合防控措施,疾病得到较好控制:

(1)控制喂量 对患兔先采取饥饿疗法或控制采食量,在疾病的多发期1~3月龄的幼兔限量饲喂(自由采食的80%左右)。

(2)大剂量使用微生态制剂 平时在饲料中或饮水中添加微生态制剂,以保持消化道微生态的平衡,以有益菌抑制有害微生物的侵入和繁衍。当疾病高发期,微生态制剂剂量加倍。当发生疾病时,直接口服微生态制剂,连续3天,有较好的效果。

(3)搞好卫生 尤其是饲料卫生、饮水卫生和笼具卫生,降低兔舍湿度,是控制本病的重要环节。

(4)控制饲料质量 一是保证饲料营养的全价性;二是饲料中霉菌及其毒素的控制;三是饲料原料的选择,尽量控制含有抗营养因子的饲料原料和使用比例;四是适当提高饲料中粗纤维的含量;五是尽量缩短饲料的保护期。

(5)预防其他疾病 尤其是与消化道有关的疾病,如大肠杆菌疾病、魏氏梭菌病、沙门氏菌病、球虫病和其他消化道寄生虫疾病。

(6)加强饲养管理 减少应激,尤其是做好对断奶小兔的"三过渡"(环境、饲料和管理程序),减少消化道负担,保持兔体健康,提高兔体的自身抗病力是非常重要的。一旦发生疾病,在采取其他措施的同时,放出患兔活动,尤其是在草地活动,可使症状得到有效的缓解。实践证明,采取"半草半料"法,也不失为预防该病的另一途径。

101. 兔乳房炎如何防控？

兔乳房炎是兔的常见病、多发病之一，如不及时发现和治疗，会引起仔兔吮乳后中毒死亡，母兔病情加重，乳腺管破裂，全身感染死亡，给养兔业造成巨大的经济损失。

(1)发病原因　本病的发生多由于外伤引起链球菌、葡萄球菌、化脓棒状杆菌、大肠杆菌、绿脓杆菌等病原微生物的侵入感染。外伤性因素包括：笼舍内的锐利物损伤乳房，或因泌乳不足、仔兔饥饿，吮乳时咬破乳头而致伤。饲养管理性因素包括：母兔分娩前后饲喂精饲料过多，使母兔乳汁过多，浓稠的乳汁堵塞乳腺管，致乳汁不易吮出而发炎；母兔母性差，拒绝给仔兔哺乳，造成乳汁在乳房内长时间过量蓄积而引起乳房炎。

(2)临床症状

①普通型乳房炎　乳房出现红肿，乳头发黑、发干。皮肤有热感，轻者仍能正常给仔兔哺乳，但哺乳时间较短。

②乳腺炎　由化脓菌侵入乳腺所致。初期乳房皮肤正常，不久可在乳房周围皮肤下摸到山楂大小的硬块；后期乳房皮肤发黑，形成脓肿；最后，脓肿破裂，脓液流出。也可提前将脓液挤出。

③败血性乳房炎　初期乳房红肿，而后呈紫红发黑，并迅速延伸到整个腹部。病兔精神沉郁，体温升高，不食也不活动，一般发病 4～7 天死亡，是家兔乳房炎中病症最严重、死亡率最高的一种。

(3)防控措施　加强待产母兔的饲养管理，母兔临产前 3～5 天停喂高蛋白质饲料，产后 2～4 天多喂优质青绿饲料，少喂精饲料。在产前、产后及时适当调整母兔精饲料与青饲料的比例，以防乳汁过多、过浓或不足。兔舍定期消毒，保持兔笼、兔舍的清洁卫生，清除玻璃碴、木屑、铁丝挂刺等尖锐利物，尤其是兔笼、产箱出入口处要平滑，以防乳房外伤引起感染。经常发生乳房炎的母兔，应于分娩前后给予适当的药物预防,可降低本病的发生率。及时观察,每天观察产后母兔乳房的变化,做到早发现、早治疗。

发现病兔应隔离仔兔,由其他母兔代哺或人工喂养。轻症可采用按摩法,用手在患兔乳房周围按摩,每次 15～20 分钟,轻轻挤出乳汁,局部涂以消炎软膏,如氧化锌、10％樟脑、碘软膏等。配合服用四环素片,每次 0.5 克,每天 2 次。

封闭疗法:用 2％普鲁卡因 2 毫升,注射用生理盐水 10 毫升,青霉素 20 万单位局部封闭注射。操作时针头平贴腹壁刺入,注射于乳房基部。隔日 1 次,连用 2～3 次可治愈。

热敷法:在乳房肿胀的中后期,用 50℃～60℃的热毛巾敷患处,不断移动(翻动)毛巾,防止烫伤,然后涂鱼石脂软膏,隔日 1 次,2～3 次即可全愈。

手术法:发生化脓时应行脓肿切开术,对母兔乳房局部剪毛消毒后,选择脓肿波动最明显处,施行纵向切开,排净脓汁,然后用 3％过氧化氢溶液、生理盐水等冲洗干净,术部放入消炎药等。

中药疗法:仙人掌去刺皮捣烂、酒调外敷患部,同时肌内注射大黄藤素或鱼腥草注射液 2～4 毫升,每 2 天 1 次,连用 2～3 次可治愈。

还可尝试使用下列验方:

方 1:用冷毛巾敷盖患处,挤出乳汁,1 天后用热毛巾进行热敷,每天 3 次,每次 15～20 分钟,同时,饲喂蒲公英、紫花地丁和败酱草。

方 2:用鲜蒲公英或一点红全草做饲料,另再捣汁加少许食盐涂患处。

方 3:葱白 100 克,切碎,沸水冲,趁热先熏后洗患处,每天 3 次,连用 2 天。或葱白 1 把,捣烂外敷。或葱白捣烂,调鸡蛋清,烘热外敷。

方 4:花椒水(温开水)洗搽患处。

　　方 5：灯笼草果皮适量（干的用开水泡软）捣烂，外涂患处。

　　方 6：仙人掌捣烂，醋调外敷。

　　方 7：葱白 5 棵，蜂蜜 50 毫升，将葱白捣烂，调蜂蜜，外敷患处。

　　方 8：鲜大头菜加少许食盐，捣烂，外敷患处。

　　方 9：仙人掌 2 片，去刺捣烂，加入 95％酒精适量，外敷患处，每天 1 次。

　　方 10：将油菜捣烂绞汁，温灌服 5 毫升，每天 3 次，连用 3 天为 1 个疗程。并用鲜油菜叶捣烂，外敷患处，每天更换 3 次。

第四章　兔寄生虫病

102. 兔附红细胞体病的发病特点有哪些?

本病是由附红细胞体寄生于多种动物和人的红细胞表面、血浆及骨髓液等部位所引起的一种人兽共患传染病。本病最早于1928年在啮齿类动物血液中发现,1938年在绵羊的红细胞及其周围发现多形态的附红细胞体存在,并命名该病。1986年首次描述了人的附红细胞体,现该病已广泛分布于世界各个国家和地区,并已在人、多种家畜、家禽和野生动物中发现。国内对该病的研究报道相对较晚,最早于1972年在江苏南部地区报道的"猪红皮病",后经证实为附红细胞体引起,以后在多种动物中相继报道附红细胞体感染,并且有关人和动物的流行病学调查和诊治方面的报道日益增多。随着人和动物附红细胞体临床病例的增多,此病也越来越受到广泛关注。

目前国际上将附红细胞体列为立可次氏体目、无浆体科、附红细胞体属。

附红细胞体的易感动物很多,包括哺乳动物中的啮齿类动物和反刍类动物。动物的种类不同,所感染的病原体也不同,感染率也不尽相同。奶牛的感染率为58.59%,猪的感染率为93.45%,犬为49.5%,兔为83.46%,鸡为93.81%,人为86.33%。我国于1981年在家兔中发现附红细胞体。但到目前为止,家兔病例报道甚少。生产中多数人对此并不十分清楚,必须引起高度重视。

关于附红细胞体的传播途径说法不一。但国内外均趋向于认为吸血昆虫可能起传播作用。该病的发生有明显季节性,多在温暖季节,尤其是吸血昆虫大量孳生繁殖的夏秋季节感染,表现隐性经过或散在发生,但在应激因素如长途运输、饲养管理不良、气候恶劣、寒冷或其他疾病感染等情况下,可使隐性感染的家兔发病,症状较为严重。最近两年在一些地方多呈流行性发生,造成大批死亡。

103. 兔附红细胞体病的临床症状和剖检变化有哪些?

(1)临床症状 成年家兔以泌乳中期的母兔为甚,发病率可达30%~50%,死亡率可达发病数的 50%以上。断奶小兔更为严重,发病率可达 50%以上,死亡率可达发病数的 80%以上。

家兔尤其是幼兔临床表现为一种急性、热性、贫血性疾病。患兔体温升高,39.5℃~42℃,精神委顿,食欲减少或废绝,结膜苍白,转圈,呆滞,四肢抽搐。个别家兔后肢麻痹,不能站立,前肢有轻度水肿。乳兔不会吃奶。少数病兔流清鼻涕,呼吸急促。病程一般 3~5 天,多的可达 1 周以上。病程长的有黄疸症状,粪便黄染并混有胆汁,严重的出现贫血。血常规检查,家兔的红、白细胞数及血色素量均偏低。淋巴细胞、单核细胞、血色指数均偏高。一般仔幼兔的死亡率高,耐过的小兔发育不良,成为僵兔。

妊娠母兔患病后,极易发生流产、早产或产出死胎。

泌乳中期的母兔为主要侵染对象,表现为四肢瘫软,站立不起,最后衰竭而死。

根据病程长短不同,该病可分成 3 种病型。

急性型:此型病例较少。多表现突然发病死亡,少数死后口鼻流血,全身红紫,指压褪色。有的患兔突然瘫痪,禁食,痛苦呻吟或嘶叫,肌肉颤抖,四肢抽搐。

亚急性型：患兔体温升高可达 42℃，死前体温下降。病初精神委顿，食欲减退，饮水增加，而后食欲废绝，饮水量明显下降或不饮，颤抖、转圈或不愿站立，离群卧地，尿少而黄。开始兔便秘，粪球带有黏液或黏膜，后来腹泻，有时便秘和腹泻交替出现。后期耳朵、颈下、胸前、腹下、四肢内侧等部位皮肤有出血点。有的病兔两后肢发生麻痹，不能站立，卧地不起。有的病兔流涎，呼吸困难，咳嗽，眼结膜发炎。病程 3～7 天，死亡或转为慢性经过。

慢性型：隐性经过或由亚急性转变而来。有的症状不十分明显。有些病程较长，逐渐消瘦，近年体质较弱的泌乳母兔该类型较多，采食困难，出现四肢无力，爬卧不动，站立不稳，浑身瘫软的症状。如果得到及时的治疗和照料，部分可逐渐好转。

(2)病理变化　急性死亡病例，尸体一般营养症状变化不明显，病程较长的病兔尸体表现异常消瘦，皮肤弹性降低，尸僵明显，可视黏膜苍白，黄染，并有大小不等暗红色出血点或出血斑，眼角膜混浊，无光泽。皮下组织干燥或黄色胶冻样浸润。全身淋巴结肿大，呈紫红色或灰褐色，切面多汁，可见灰红相间或灰白色的髓样肿胀。

血液稀薄、色淡、不易凝固。皮下组织及肌间水肿、黄疸。多数有胸水和腹水，胸腹脂肪、心冠沟脂肪轻度黄染。心包积水，心外膜有出血点，心肌松弛，颜色呈熟肉样，质地脆弱。肺脏肿胀，有出血斑或小叶性肺炎。肝脏有不同程度肿大、出血、黄染，表面有黄色条纹或灰白色坏死灶，胆囊膨胀，胆汁浓稠。脾脏肿大，呈暗黑色，质地柔软，切面结构模糊，边缘不齐，有的脾脏有针尖大至米粒大灰白色或黄色坏死结节。肾脏肿大，有细微出血点或黄色斑点，肾盂水肿，膀胱充盈，黏膜黄染并有少量出血点。胃底出血、坏死，十二指肠充血，肠壁变薄，黏膜脱落。空肠炎性水肿，如脑回状。其他肠段也有不同程度的炎症变化。淋巴结肿大，切面外翻，有液体流出。

104. 兔附红细胞体病如何诊断,防控措施有哪些?

(1)诊断 取活兔耳血或死亡患兔心血一滴于载玻片上,加2滴生理盐水后混匀,置400倍显微镜下观察,可见受到损伤的红细胞及附着在红细胞上的附红细胞体。被感染的红细胞失去原有的正常形态,边缘不整而呈齿轮状、星芒状、不规则多边形等。

(2)防控 在发病季节,消除蚊虫孳生地,加强杀灭蚊虫工作。注射是传播途径之一,因此在疫苗或药物注射时,坚持注射器的消毒和一兔一针头。整个兔群用阿散酸和土霉素拌料,浓度分别为0.1%、0.2%。抗病力的高低对临床发病率有重大影响。因此,保持兔体健康,提高免疫力,减少应激因素,对于降低发病率有良好效果。

治疗可选择以下药物:四环素、土霉素,每千克体重40毫克,或金霉素,每千克体重15毫克,口服、肌内或静脉注射,连用7~14天。血虫净(三氮咪、贝尼尔),每千克体重5~10毫克,用生理盐水稀释成10%溶液,静脉注射,每天1次,连用3天。多西环素,15毫克/千克体重,每天2次,连用2天。贝尼尔,5毫克/千克体重,隔日1次。咪唑苯脲,2毫克/千克体重,肌内注射,每天1次,连续3天;磺胺六甲氧嘧啶注射液,肌肉注射,1次/天,连用4天。此外,使用安痛定等解热药,适当补充维生素C、B族维生素等,病情严重者还应采取强心、补液,补右旋糖酐铁和抗菌药,精心饲养,进行辅助治疗。

105. 兔螨病的发病特点有哪些?

兔螨病俗称"癞病",是由数种疥螨和痒螨寄生于家兔体表而引起的慢性寄生性外寄生虫病。本病具有高度的传染性,且多为直接接触传播感染。发病主要症状表现剧痒、湿疹性皮炎、结痂、脱毛等症状。患兔常因皮肤炎症的不断蔓延造成严重的贫血、消瘦而衰弱死亡。该病在全国各地普遍存在,是对养兔业危害最为严重的疾病之一。螨病主要分为疥螨、痒螨两大类。

(1)**疥螨**　包括疥螨和背肛疥螨。疥螨主要寄生于皮肤角层下,由此向四周挖掘隧道,虫体则在其内不断发育和繁殖。疥螨类通常引起兔的体螨病。兔疥螨外观呈龟形,浅黄白色,背面隆起,腹面扁平,雌螨体长 0.2～0.5 毫米,宽 0.25～0.35 毫米。雄螨体长 0.2～0.25 毫米,宽 0.14～0.19 毫米。躯体前方为口器,又称假头,由 1 对螯肢和 1 对须肢组成。躯体可分为两部分,前面称背胸部,上有第一和第二对足。后面称背腹部,上有第三和第四对足。体背面有细横纹、锥突、圆锥形鳞片及刚毛。卵呈椭圆形,平均大小为 100 微米×150 微米。

兔背肛疥螨虫体小,雌虫的大小为 0.2～0.45 微米×0.16～0.4 微米。因常寄生于兔的头部和耳部,故也称之为兔耳疥螨。

疥螨病常见于兔的头部、嘴唇四周、鼻端、面部和四肢末梢毛较短的部位,严重时可感染全身。患部皮肤充血,稍肿胀,局部脱毛,出现剧痒,病兔出现不安,常用嘴咬脚爪或用脚爪挠抓嘴、鼻,致使患部皮肤发生炎症,出现结节,互相粘连成痂,使患部变硬。脚掌上产生较薄的灰白色痂块,病变向鼻梁、眼圈、前脚底面发展,出现皮屑和血痂,皮肤变厚,龟裂。结痂严重时,病兔嘴唇发硬,致使采食困难,迅速消瘦,极度衰弱死亡。

(2)**痒螨**　包括痒螨和足螨。痒螨常常寄生于兔的皮肤表面,通常引起兔的耳螨病。本类螨虫体较大,肉眼可见,体呈长方形,大小为 0.5～0.9 毫米,口器长,呈圆锥形。躯体背面有细皱纹,肛门位于躯体末端。足较长,特别是前 2 对。

兔的痒螨不进入皮肤,寄生于皮肤表面,终身不离动物皮肤。

对外界环境的不利条件具有较强的抵抗力,离开宿主的耐受力也较强,活动与温度、湿度、阳光等多种因素的变化有关系。

本病的传播主要是接触性传播,家兔接触了被病兔污染了的兔舍、用具而感染。工作人员的衣服、手也可以成为传播工具。螨类离开兔体后在外界环境中的生存时间受温度、湿度、阳光、消毒剂等因素的影响较大。痒螨病多发于冬季和秋末春初,因为这个时间日光照射不足,家兔的毛长而密,空气中的湿度较大,最适合螨的生长发育和繁殖。在夏季阳光足、气温高、皮温高、毛稀而使螨类死亡脱落,但仍有部分潜伏在耳壳、腹股沟和被毛深处。幼兔往往易发疥螨,发病也较重,随年龄的增长抵抗力也增强。免疫力的强弱取决于健康状况、营养水平及有无其他疾病。

患病部位在外耳道时,可引起严重的外耳道炎,由于分泌物过盛,干涸成痂,厚厚地嵌于耳道内如纸卷样,严重时将外耳道完全堵塞,耳朵由于过重而下垂,患部奇痒,病兔不断摇头、搔耳。当病变部发展到筛骨或脑部时,可引起癫痫发作。

106. 如何诊断和防控兔螨病?

(1)诊断 一般根据临床症状可以确诊,必要时可以采取病料查找虫体。在病变部与周围健康皮肤交界处,先剪毛,消毒,然后使刀刃与皮肤垂直进行刮取,直到皮肤轻微出血。将刮取的病料放于载玻片上,滴几滴煤油使皮屑透明,然后放上盖玻片,在低倍镜下观察,找到虫体即可确诊。

(2)防控 平时加强饲养管理,防止过分拥挤,兔舍保持干燥卫生,通风透光,勤换垫草,及时清除粪便,加强日常消毒,经常检查兔群,发现病兔及时处理。引进新兔,要隔离观察30天以上,确认无病方可混群。已痊愈的病兔,经过30天再混群。

因为螨病可以通过病兔污染的饲料、用具、饲养环节及人的携带而传播,所以扑灭家兔皮肤病的原则是全面治疗病兔,严格控制被污染的环境,持之以恒,坚持到完全彻底扑灭为止。①彻底消灭种兔中的螨病。最经济、有效的杀灭螨虫的是伊维菌素注射液,每6个月皮下注射0.2毫升,7天后再注射1次。这样,可在较短时间内控制螨虫。②及时预防仔兔发生螨虫。最有效的是用伊维菌素粉剂加工处方料,采用连用4天、间隔7天再用4天的方法,可有效降低螨病的发病率。③产箱与垫草的灭虫。对备用的产箱全部用火焰喷烧杀虫,对备用垫草(包括御寒用的垫草)暴晒备用,杜绝垫草里带入螨虫。④定时杀灭笼舍、走道、承粪板、粪沟中的螨虫。用有机磷类杀虫剂按一定的比例稀释后喷洒承粪板、笼具,也可使用火焰喷枪火焰消毒。⑤及时治疗已发病的商品兔。对已发病的商品兔用伊维菌素粉剂加工药料进行治疗,一般1～2个疗程即可治愈。同时注意环境消毒与治疗相配合。兔螨虫病传染性极强,如不及时采取有效措施,就会迅速传播,造成严重后果。

治疗可采用局部涂搽、口服或注射等方式。①局部涂搽。首先对患部皮肤进行彻底清洗,并除去痂皮和污物,以增强治疗效果,由于大部分药物对螨的虫卵无杀灭作用,治疗时必须重复用药2～3次,每次间隔3～5天,以彻底治愈。辛硫磷,配成0.05%乳剂水溶液,局部涂搽。硫黄,5～10克,加入100克凡士林或其他油类,调匀,局部涂搽。溴氰菊酯,配成1：4 000水溶液,局部涂搽。碘甘油,软化痂皮,除去痂皮,每天1次,连用3天。②口服。阿维菌素0.2毫克/千克体重,内服。伊维菌素、多拉菌素等,内服,连用2天。③注射给药。伊维菌素,0.2毫克/千克体重,皮下注射,效果较好。

107. 兔球虫有多少种,各有什么特点?

兔球虫病是由多种兔球虫寄生于兔的小肠或胆管上皮细胞内

引起的以虚弱、消瘦、贫血和腹泻为主要特征，常可造成兔的大批死亡，幼兔的死亡率可高达85％左右，即使耐过此病，其生长发育也会受到严重影响，增重速度减慢。本病广泛存在于全国各地，都有不同程度的发生。

兔球虫是单细胞原生动物，在分类学上属于原生动物门、孢子虫纲、球虫目、艾美科、艾美尔属。据文献记载有14个种，其中除斯氏艾美尔球虫寄生于肝胆管上皮细胞之外，其余全部寄生于肠黏膜上皮细胞内，据初步统计，在我国各地常见的兔球虫有以下几种。

(1)斯氏艾美尔球虫 寄生于肝脏胆管上皮细胞内，是兔球虫中致病力最强的一种。能引起严重的肝球虫病，卵囊较大为长卵圆形，呈淡黄色，有微孔，在滤孔的一端较平，其大小为13～30微米×10～17微米。孢子化时间为41～51小时。

(2)穿孔艾美尔球虫 寄生于小肠上皮细胞内，致病力较弱。卵囊小，呈椭圆形，无色，微孔不明显。大小为13～30微米×10～17微米。孢子化时间35～51小时。

(3)中型艾美尔球虫 寄生于空肠和十二指肠，可引起比较严重的肠球虫病。卵囊中等大小，短卵圆形，呈淡黄色，有微孔，其大小为18～33微米×13～21微米。孢子化的时间为42～47小时。

(4)大型艾美尔球虫 寄生于小肠和大肠，致病作用很强。卵囊较大，卵圆形，呈淡黄色，有微孔极明显，呈堤状突出于卵囊壁之外，大小为26～41微米×16～27微米。孢子化时间为32～48小时。

(5)梨形艾美尔球虫 寄生于小肠和大肠，致病作用轻微，卵囊呈梨形，呈淡黄色或淡褐色，有明显的微孔，位于卵囊的尖端，其大小为26～32微米×16～28微米。孢子化的时间性为52小时左右。

(6)无残艾美尔球虫 寄生于小肠中部，致病力较强。卵囊为长椭圆形或卵圆形,呈淡黄色,微孔明显,卵囊内无残体。大小为25～47 微米×16～27 微米。孢子化时间为 72～96 小时。

(7)盲肠艾美尔球虫　寄生于小肠后部和盲肠。致病力不强,卵囊呈卵圆形。呈淡黄色。大小为 25～39 微米×15～21 微米。

(8)肠艾美尔球虫　寄生于小肠(除十二指肠外)。致病力强,卵囊为卵圆形,其大小为 24 微米×37 微米。孢子化时间为 24～48 小时。

(9)小型艾美尔球虫　寄生于肠道。卵囊呈卵圆形或近似于球形。卵囊壁光滑无色,微孔极不明显,大小为 13～19 微米×10～11 微米。

(10)黄艾美尔球虫　寄生于小肠后部、盲肠及大肠。卵囊呈卵圆形,卵囊壁光滑,呈黄色。在宽的一端具有明显的微孔,孢子囊具有 1 个小的斯氏体和 1 个残体。大小为 25～37 微米×14～24 微米,有较强的致病性。

(11)松林艾美尔球虫　寄生于回肠。卵囊呈宽的卵圆形,有微孔,有外残体。大小为 22～29 微米×16～22 微米,严重感染时可引起回肠伪膜性肠炎。

(12)新兔艾美尔球虫　寄生于回肠和盲肠。卵囊呈长圆形,有微孔,孢子囊有残体,大小为 36～43 微米。有轻度的致病性。

(13)长形艾美尔球虫　寄生于小肠。卵囊呈长椭圆形。有微孔,有外残体,卵囊的大小为 35～40 微米×17～20 微米。致病性不详。

本病的发生是由于家兔吞食了球虫具有感染性的卵囊所致。卵囊在外界适宜的温度和湿度条件下,约经数日发育成熟,通常多于温暖多雨的季节,兔场、兔舍温度保持在 10℃ 以上时,则随时可以发病。成年兔和耐过的兔多为带虫者,其排出的病原可通过被污染的场地、用具、饲草饲料、饮水而发生感染。此外,伴随着饲养管理人员的出入、蝇类的飞爬和鼠类的活动等可造成病原的传播。

108. 兔球虫病的临床症状和剖检变化有哪些?

患兔症状可因年龄、饲养管理条件及球虫的感染强度的不同而有差异,通常根据不同类型的球虫寄生,症状可分为肝型、肠型和混合型。多数为混合感染,引起混合型球虫病。主要症状表现为食欲废绝或减退,精神沉郁,运动迟缓。眼、鼻分泌物及唾液分泌增加。贫血、消瘦、腹泻或与便秘交替发生,尿频或常做排尿姿势,肛门周围及四肢常被粪便污染。腹围增加,肝区触诊疼痛,有时黏膜黄染。后期幼兔出现神经症状,倒地头向后仰,四肢强直痉挛不断抽搐,发出惨叫,迅速死亡。病程由数日至数周。耐过者长期消瘦、发育不良。

剖检可见外观表现消瘦,黏膜苍白或黄染,肛门周围被粪便污染。肝球虫时,肝脏肿大,表面与内部有粟粒大至豌豆大小的白色或淡黄色结节,多沿胆小管排列,以结节做压片镜检时,可见有各个发育阶段的球虫,或因结节钙化而呈粉粒样的物质。慢性经过时,胆管周围和肝小叶间部分结缔组织增生,引起肝细胞萎缩和肝脏体积缩小(间质性肝炎),胆管黏膜卡他性炎症,胆汁浓稠,内含大量崩解的上皮细胞。肠球虫时,肠壁血管充血,小肠内充满气体和大量黏液。肠黏膜充血,并有出血点,十二指肠扩张,肥厚黏膜卡他性炎症。慢性经过时,肠黏膜上有许多坚硬的白色结节和小的化脓性坏死灶。

109. 兔球虫病的防控措施有哪些?

搞好环境卫生,避免家兔的粪便污染水源、饲草饲料、用具,尽量减少饲养管理人员的流动造成病原的传播。坚持对环境中的各种昆虫的消杀制度,防止传播病原。捕杀鼠、蛇和其他有害动物一般兔场的成年兔和耐过的病兔是主要的传染源,在幼兔球虫病的传播过程中起着重要的作用,因此平时注意环境、兔体卫生、粪便的及时处理,经常性的消毒是控制家兔球虫感染的关键措施。特别在温暖、多雨季节要注意保持兔舍干燥、通风,防止球虫卵囊发育成感染性卵囊。注意大、小兔群分开饲养,使幼兔不能接触成年兔的粪便。兔笼的底网安置合理,保证粪便能及时漏入底盘中,避免或减少兔体与粪便的接触机会,底网和粪盘要经常进行消毒,暴晒,以杀灭虫卵。

要挑选无球虫病的母兔,或治愈后经数次粪便检查均无球虫卵囊的母兔作为种兔,才能有效预防所产仔兔不会从母兔处感染球虫病。兔舍建筑应选择向阳、干燥的地方并要保持环境的清洁卫生。食具要勤清洗消毒,兔笼尤其是笼底板要定期用火焰法消毒,以杀死球虫卵囊。及时清除兔粪,以免积蓄笼内,污染饲料,造成重复感染。兔粪应堆积后覆盖以湿土并抹平,利用生物热发酵,杀死兔粪中的球虫卵囊。

做好药物预防。在球虫病流行季节,对断奶仔兔可在饲料中加入预防球虫的药物,预防球虫病的药物多数是作用于球虫感染后的 1~2 天,目前使用比较多的是莫能菌素、盐霉素、拉沙菌素、盐霉素、山度霉素。这类药物大都作用于球虫孢子的第一代裂殖子,一般毒性较强,安全范围窄,在使用上要注意工作人员的安全防护,注意剂量要准确,拌料要均匀,防止药物中毒。

每吨饲料的添加量:莫能菌素 20~40 克,盐霉素 60 克,拉沙菌素 75~100 克,山度霉素 25 克。

下列药物对防治球虫病有较好的效果:①地克珠利。为广谱苯乙氰类抗球虫药,该药广谱、高效,以 0.01% 的有效浓度(每吨饲料 1 克纯粉)即可防治多种球虫病,养兔生产中多用其预混剂。使用时注意本药不可与其他抗球虫药物同时使用,轮换用药时不宜应用同类药物如妥曲珠利,其对球虫主要的作用峰期随球虫的不同种属而异。②莫能菌素(20%)。每吨饲料 50 克。不能与其他抗球虫药同时使用。对产气荚膜梭菌有抑杀作用,可防止坏死性肠炎发生。对球虫的细胞外子孢子、裂殖子以及细胞内的子孢子均有抑杀作用。③克球粉(氯羟吡啶、可爱丹、球定)。以每吨饲料 200～250 克混饲。对球虫的作用峰期主要在子孢子发育阶段。④氯苯胍。每日每千克体重 15 毫克,口服;或每吨饲料 150 克混饲预防,治疗量均需加倍。主要作用于第一代和第二代裂殖体。⑤磺胺二甲基嘧啶。治疗量:每日每千克体重 200 毫克,口服;预防量:每吨饲料 1 千克。主要作用于第二代裂殖体。⑥妥曲珠利。每吨饲料 10～15 克。⑦百球清:100 毫升/瓶,每升水中加 25 毫克,连用 2 天。对球虫的 2 个无性周期均有作用。

110. 常用治疗兔球虫病的药物有哪些优缺点?

(1)地克珠利 化学名称为氯嗪苯乙氰。原料药为微黄色至灰棕色粉末,不溶于水,微溶于乙醇,性质稳定。市售商品制剂有预混剂和饮水剂。该药是新型广谱抗球虫药,也是目前使用药物浓度最低的一种抗球虫药,使用浓度为 1 毫克/千克,即每吨全价饲料中添加原药 1 克。本品安全系数高,兔全价饲料中添加量在 5 毫克/千克以下不会发生毒副作用。该药在一般加工和贮存条件下不易分解,可与其他生长促进剂和化疗药并用。地克珠利在我国广泛应用已有 3、4 年时间,目前还未发现球虫产生抗药性。本品对兔球虫病的预防和治疗效果都比较理想。缺点是药效期较短,停药 1 天抗球虫作用明显减弱,2 天后基本消失,因此必须连续用药,以防球虫病复发。

(2)莫能菌素 又叫瘤胃素。本品为聚醚类抗生素,是抗生素类广谱抗球虫代表药,对多种兔球虫均有效,已被广泛应用。市售产品为莫能菌素钠盐。莫能菌素钠盐为淡黄色粉末,性质稳定,不溶于水,易溶于乙醇,在酸性介质中不稳定。剂型为 20％莫能菌素预混剂,莫能菌素在兔全价饲料中的添加量为 40 毫克/千克。本品的抗球虫使用峰期为周期第二阶段,即滋养体阶段。本品与其他聚醚类抗生素一样,高剂量(120 毫克/千克)对宿主的球虫免疫力有抑制作用,因此宜采用较低浓度或短期投药法。还应注意:①肉兔屠宰上市前 3 天应停药;②禁与二甲硝咪唑、泰乐菌素、竹桃霉素并用,否则可能导致兔中毒;③搅拌配料时防止与皮肤、眼睛接触;④本品抗球虫药效次于地克珠利,如与地克珠利间隔使用则可达到最佳效果。

(3)盐霉素 为聚醚类抗生素,其抗球虫机理和效应与莫能菌素相似。市售盐霉素为盐霉素钠盐。盐霉素钠盐为白色或淡黄色结晶性粉末,性质稳定,不溶于水,溶于乙醇,易溶于乙醚。盐霉素制剂为盐霉素预混剂(如优素精),规格有 5％、10％、50％等几种。兔全价饲料中的添加量为 50 毫克/千克,高浓度(80 毫克/千克)的免疫抑制强度与莫能菌素相同,浓度进一步提高时会引起毒副反应。肉兔屠宰上市前 5 天应停药。

(4)盐酸氯苯胍 又名罗苯尼丁,为较早的化学合成抗球虫药,广泛用于养兔业已有 10 余年历史。本品为白色或淡黄色结晶性粉末,略有杏仁气,味苦,在水中几乎不溶,略溶于乙醇,遇光颜色逐渐变深。制剂有 10％预混剂和片剂(每片 10 毫克)。兔饲料中的添加量为 30 毫克/千克,预防量减半,治疗时连用 1～2 周。盐酸氯苯胍具有广谱、高效、低毒、适口性好等优点。其缺点是:在近几年使用中发现球虫对本品有明显耐药性,添加量较大,成本较地克珠利高 3～5 倍,肉兔屠宰上市前 7 天必须停药。因此,在目前情况下,盐酸氯苯胍已不宜作为兔球虫防治的首选药,也不宜长期使用。

(5)氯羟吡啶 又名氯吡醇、氯吡多、克球多、克球粉,为化学合成抗球虫药,广泛应用约有 10 年。本品为白色或类白色粉末,无臭,难溶于水,在大多数有机溶剂也不易溶解,化学性质稳定,与各种饲料混合、加工和贮藏无不良反应。本品的商品制剂为 25% 预混剂,可爱丹即为此类制剂。兔饲料中的添加本品的比例为 200 毫克/千克。使用本品时应注意:①本品对球虫病的治疗效果较差,只可作为预防用,不宜作为治疗用;②肉兔屠宰前 7 天停止用药;③使用本品后兔对球虫无免疫作用;④目前兔球虫已对氯羟吡啶有明显耐药性。

(6)二硝托胺 又名硝苯酰胺,商品名球痢灵。本品为淡黄色粉末,无臭,无味,性质稳定,不溶于水,能溶于乙醇。制剂为预混剂和片剂,可用于兔球虫病的预防和治疗。预防时饲料添加浓度为 125 毫克/千克,治疗量为 250～300 毫克/千克,或者内服 30～50 毫克/千克体重,每天 1 次,连用 3～5 天。

(7)磺胺类及抗菌增效剂 磺胺类是第一代化学合成抗球虫药。应用于兔球虫病的有磺胺二甲嘧啶(SM₂)、磺胺氯吡嗪(Esb3)、磺胺甲基异噁唑(SMZ,又叫新诺明)、磺胺喹噁啉(SQ)、二甲氧苄氨嘧啶(DVD,又名敌菌净)等。常用的复方制剂有复方新诺明、复方敌菌净等。以上药物作为抗球虫药应用时为预混剂、饮水剂或片剂。磺胺类抗球虫药不论预防还是治疗均有较好效果,但也有较多缺点:①不宜长期使用,否则会出现明显毒副作用;②添加量大,一般在百分之几至千分之几范围内,成本较高。因此,其宜作为治疗药物选用,不宜用于预防。另外,需要注意的是,使用这类药物要配合等量碳酸氢钠,并增加饮水,以利于药物排出。

(8)中药类抗球虫药 我国很多地方都通过实践总结出了不少抗球虫中药方剂,如四黄散(由黄连、黄柏、大黄、黄芩、甘草等 5 味组成)、球虫九味散(由僵虫、大黄、桃仁、土元、白术、桂枝、茯苓、泽泻、猪苓等 9 味组成)等组方,大多表现出了较好的防治效果。但其目前亦存在较多缺点:一是药物成本高,如用于预防,很不经济；二是需养兔者自购原药自行配制，很不方便；三是有些抗球虫中药毒性较大，不够安全。

这里需要明确指出，下列药物不宜或不能用于兔的抗球虫药。

马杜霉素，或叫马杜拉霉素。本品为单糖苷聚醚类抗生素，通常用其铵盐。原药为白色或类白色结晶性粉末，有微臭，不溶于水，易溶于乙醇。制剂为1‰马杜霉素铵盐，本品为目前常用的肉鸡抗球虫药，防治效果均较好，但安全系数小。自1997年首次报道兔马杜霉素中毒病例以来，此种中毒病例屡屡发生，给养兔业造成严重损失。兔马杜霉素中毒的表现主要是骨骼肌瘫软和内脏出血，严重时四肢瘫痪，头颈下垂并倒向一侧，同时食欲减少直至废绝，精神沉郁。有典型中毒症状者多以死亡告终。因此，使用中应注意添加浓度。

呋喃唑酮，常用名为痢特灵，是化学合成的呋喃类抗菌药物，具有广谱抗菌和抗球虫效果。本品由于其残留作用，于2002年被国家农业部定为禁用兽药。

海南霉素，为我国研制的一类新兽药，为聚醚类抗生素，是目前使用的肉鸡抗球虫药之一，有较好的抗鸡球虫效果。现行兽药典没有本品可用于兔的说明，目前也没有本品可用于兔的有关规定，因此不宜作为兔用。

盐酸氨丙啉，又名氨丙嘧吡啶、安宝乐。现行兽药典没有氨丙啉可用于兔的说明，因此本品不宜作为兔用。

111. 怎样合理应用抗球虫药物？

第一，重视药物预防作用。球虫感染的前2～3天为发育的早期阶段，也就是无性繁殖阶段，此时家兔一般无明显可见的临床症状，但在进入有性繁殖阶段，可见有较为明显的临床症状，此时用药为时已晚，很难收到理想的效果。因此，要重视球虫的药物预防。

第二，合理选用不同作用时期的药物。球虫的预防药物主要是感染 1～2 天内对无性繁殖阶段的药物，主要是聚醚醋类的药物。治疗性的药物主要是各种化学药物，对球虫的有性生殖阶段有较强的作用，即配子生殖阶段有效。

第三，为减少球虫耐药性的产生，应采取轮换用药、穿梭用药和联合用药。所谓的轮换用药，是指季节性的或定期地合理变换用药品种，注意不能轮换属于同一化学结构类型的药物。穿梭用药，是指在同一时期内，换用 2 种或 3 种不同性质的抗球虫药。联合用药，是指在同一时期合用 2 种或 3 种抗球虫药，通过药物的协同作用，增强药效，延缓耐药性的产生。

第四，保证合理的剂量，充足的疗程。这是避免球虫产生耐药性的一种有效手段，不给球虫的繁殖留有空隙。

第五，注意用药要符合国家食品卫生的有关规定，保障食品安全。

目前，在市场上出售的化学合成类和抗生素类抗球虫药物有 20 多种，可作为兔用的也有 10 余种。这些药物大多数对球虫病有显著的防治效果，但也有不少药物不同程度的分别存在着毒副作用明显、成本高、易产生耐药性、使用不便等缺陷，因此必须根据不同情况正确选用适合药物。

112. 兔弓形虫病的发病特点有哪些？

本病曾称弓形体病，是由龚地弓形虫引起的一种人兽共患的原虫病，可感染许多动物，兔多为隐性感染，有时也可出现临床症状，甚至在兔场和其他养殖场中流行。

包括兔在内的许多动物为易感动物。由于本病病原（龚地弓形虫）在个体发育期间需要两个宿主，所以这些动物有的是中间宿主,有的是终末宿主。猫及猫科动物是终末宿主,兔及多种动物和人为中间宿主,猫也可作为中间宿主。在弓形虫的个体发育过程中有5种形态,即滋养体、包囊、裂殖体、配子体和卵囊。滋养体和包囊出现在中间宿主体内,裂殖体、配子体和卵囊只出现在终末宿主体内。患病的和隐性感染的猫及猫科动物是主要的传染源,其含有感染性卵囊的粪便,以及含有滋养体或包囊型虫体的中间宿主,如兔的肌肉、内脏、渗出物、排泄物、乳汁、流产的胎儿和胎盘及其所污染的料草、器具等,均可传播本病。经消化道、呼吸道,也可通过注射、皮肤损伤、黏膜等侵入体内而感染,吸血昆虫也可传播本病,还可通过胎盘感染胎儿。

饲料和饮水被含有大量弓形虫卵囊的猫粪污染是兔弓形虫病暴发的主要原因。

113. 兔弓形虫病的临床症状、剖检变化有哪些,如何防控?

(1)临床症状 根据发病时间和临床症状可将兔弓形虫病分为急性和慢性两种类型。急性病例多见于幼龄兔,可见食欲不振或不食、嗜睡、体温升高至40℃以上、呼吸加快、眼或鼻内分泌物增多或有脓性分泌物,继之则出现全身性惊厥或麻痹,一般发病后2～8天死亡。慢性病例病程较长,多见于老龄兔,病兔精神不振、食欲下降、兔体消瘦,多数病兔可逐渐康复,或可有死亡发生。有部分兔感染后可不表现任何临床症状,即隐性感染。

(2)病理变化 急性型可见肝、脾、心、肺、淋巴结等器官组织出现广泛性的灰白色坏死灶及大小不等的出血点,胸、腹腔积液,肠黏膜出血、溃疡。慢性型病理变化多不明显,可见肠系膜淋巴结肿大、坏死。

(3)防控措施 兔场应建在远离其他动物养殖场的地方,保持兔场和笼舍的清洁卫生,消灭老鼠,将兔粪便进行发酵,在兔场内严禁养猫,禁止猫进入兔舍,防止饲料、饮水被猫粪污染。发现病兔后应及时对兔舍、用具及内外环境消毒,可使用 1% 来苏儿或 3% 火碱水进行全面消毒,将病死兔深埋或焚烧。一定要注意个人卫生防护。

磺胺类药物对本病有较好的疗效,配合增效剂使用效果更好。20% 磺胺嘧啶钠,肌内注射,成年兔 4 毫升,幼兔 2 毫升,每天 2～3 次,连用 3～5 天。增效磺胺 5 甲氧嘧啶注射液,0.2 毫升/千克体重,肌内或静脉注射,每天 1 次,连用 3～5 天。磺胺嘧啶与三甲氧苄氨嘧啶(或二甲氧苄氨嘧啶)按 5∶1 比例混合,每千克体重 84 毫克,口服,每天 2 次,连用 3～5 天。也可试用复方新诺明,内服,每千克体重 30 毫克,每天 1 次。

对于本病应尽早确诊,及时治疗,否则虽可使临床症状消失,但不能抑制虫体进入组织形成包囊型虫体,而使病兔成为长期带虫者。

114. 兔脑炎原虫病的发病特点有哪些?

本病是由兔脑炎原虫所引起的一种慢性、隐性原虫病。本病在许多兔场中广泛流行,发病率为 15%～76%。本病也有人被感染的报道。虫体主要侵害脑组织和肾脏,但大多数病例为无临床症状的隐性感染。本病的病理变化特征主要表现为中枢神经系统的肉芽肿形成和非化脓性脑膜炎、间质性肾炎以及间质性心肌炎。这种细胞内寄生的原虫的宿主范围很广。本病主要通过食入由含有虫体的尿液所污染的饲草饲料、饮水而感染,也可通过胎盘直接感染。

兔脑炎原虫一般呈直的或稍弯的杆状,两端钝圆,一端稍大于另一端。有时位于虫体的中部或邻近中部稍现收缩,而呈现浅的凹陷。虫体也有呈卵圆形、梨籽状或圆形者。虫体的核致密，多呈圆形或卵圆形，一般偏于虫体的一端。在神经细胞、巨噬细胞和肾小管上皮细胞等细胞质中可检出虫体假囊（虫体集落），其内可含有大量的滋养体。假囊和滋养体在细胞外也可发现，尤其是在脑组织中。

兔脑炎原虫在体外对寒冷有较强的抵抗力，在 4℃ 冰箱中保存 2 年仍具有感染力，但对热的耐受力较差。在 199 培养液中最大存活时间为：4℃ 98 天，20℃ 10 天，24℃ 6 天，37℃ 2 天，56℃只有 2.5% 的虫体可耐过 30 分钟，煮沸 5 分钟或 120℃ 高压 10 分钟可杀死全部虫体。

兔脑炎原虫病在全世界范围内流行，在欧洲、南非、日本、澳大利亚、北美洲等国家和地区均有所报道，我国也有发生。兔脑炎原虫宿主特异性不强，已报道感染发病的有实验用大鼠、小鼠、豚鼠、野鼠、实验犬、家犬、牛、驴、鹦鹉、狐狸、猪和貂等动物。另外，兔脑炎原虫还常感染人类，特别是当人免疫力下降时。该病主要是通过消化道或经胎盘感染的，少数情况是通过皮肤外伤感染。利用 DNA 扩增技术检测发现，兔脑炎原虫可广泛存在于污水渠、地表水和地下水中，因此本病存在水源性传播的可能性。

通过口服传染性材料（感染动物的脑、肝、脾和腹水）、鼻内接种、脑内、静脉和腹腔注射等途径均可使兔人工感染。机体摄入虫体后，通过血流至肾脏及其他组织。虫体在肾脏繁殖后通过尿液排出体外。当动物感染较长时间后才可在脑组织细胞中检出原虫，这可能是虫体通过血脑屏障需要的时间比较长之故。实验证明，感染兔的尿液中有兔脑炎原虫，通过口服有传染性的尿液也可传染本病。本病可垂直传播，经子宫切开取胎，放在无菌条件下饲喂的兔也发现有典型病变和虫体，由此说明本病可能通过胎盘感染。另外，寒冷和潮湿季节可使兔脑炎原虫病的发病率和病死率增加，环境条件恶劣及机体抵抗力下降是本病发生的诱因。

115. 兔脑炎原虫病的临床症状、剖检变化有哪些,如何防控?

(1)临床症状及病理变化 兔脑炎原虫对不同动物的危害程度不同。在动物中对兔的危害最大。本病通常呈隐性感染,在运输、气候变化,或抵抗力降低时就出现临床症状。病兔逐渐衰弱体重减轻,出现尿毒症;严重者出现神经症状,如惊厥、肌肉痉挛,运动障碍,常出现转圈运动,或颤抖,头颈歪斜,麻痹昏迷。病兔常出现蛋白尿,后肢被毛常被污染,引起局部湿疹。幼龄兔以腹泻、腹胀为主要症状,剖检病死兔大多检出重度结肠炎和盲肠炎,中期出现少尿等泌尿系统疾病的症状,后期出现神经症状。人和其他动物感染一般表现为腹泻症状,而很少出现神经症状。

(2)防控措施 主要是有效的管理和监测。如果动物进行集约化饲养,脱离地面饲养是比较明智的,这样可以减少尿液中的孢子污染食物的机会。周期性地使用一种或几种血清学技术测试可疑动物或监控群体,为了预防循环感染,检出的阳性病例应将其淘汰,如果数量较多,可隔离饲养,或进行扑杀,最终消除感染群体。垂直感染的4个月以下的小兔有可能在尿中释放孢子,因此将舍内5个月以下的兔与其他兔隔离饲养也是一种预防感染的好方法。最新研究结果表明,用芬苯达唑(20毫克/千克·天)可以预防兔脑炎原虫对实验兔的感染,这种方法也可借用于控制群体感染。

有人报道用芬苯达唑对病兔进行了治疗实验,结果可消除体内的兔脑炎原虫。因此,对处于高危群体中和滴度为阳性的无神经症状的兔子来说,应考虑用芬苯达唑进行治疗。当用芬苯达唑治疗兔脑炎原虫感染的晶状体破裂性色素层炎,鼻、鼻旁窦炎失败时,应考虑用伊曲康唑治疗。为了提高治疗兔脑炎原虫的效果,用糖皮质激素和芬苯达唑联合治疗可能会更有价值。因为虽然兔脑炎原虫能够被芬苯达唑杀死，但与寄生虫有关的脑炎已造成了不可逆转的损害。所以，联合治疗可以减少这种炎症反应。

新合成的多胺对治疗兔脑炎原虫有广阔的治疗前景。

116. 如何防控兔隐孢子虫病？

本病是由隐孢子虫寄生于人或多种动物的胃肠道上皮细胞而引起的一种人兽共患的小型原虫病。动物感染后常见的临床体征为间歇性水泻、脱水和厌食，还可能有进行性消瘦和减重。人表现为持续性腹泻、伴有营养不良、腹痛、发热和呕吐。在先天性或获得性免疫缺陷、免疫损伤及免疫抑制的人、畜中，已发现许多急性，有时甚至为致死性的感染病例。

(1)流行特点　隐孢子虫病多在温暖多雨季节发生。兔及多种动物和人可感染本病。患病动物和隐性感染动物是主要的传染源，其粪便中含有卵囊，通过污染的草料和饮水经消化道感染。卵囊在冻干、低温冷冻后失去感染力，兔多呈隐性感染，有资料显示，血清学调查有40%的兔呈阳性。本病常与其他疾病并发或继发感染，易造成误诊。

(2)临床症状　一般为隐性感染。严重时，由于病原寄生于消化道上皮细胞并造成损伤，从而引起消化道功能紊乱，食欲下降、腹泻，进一步发展可出现脱水症状，兔体抵抗力较弱时可引起死亡。

(3)病理变化　主要在肠道，肠道黏膜充血、出血，肠绒毛萎缩脱落。可通过粪便检查，利用饱和蔗糖溶液漂浮法收集粪便中的卵囊后，用显微镜油镜1000倍放大观察，内含4个裸露的香蕉形子孢子和1个较大的残体。

(4)防控措施　加强饲养管理，提高兔抗病力，保证青绿饲料的新鲜清洁。保持兔舍干燥、清洁卫生，潮湿季节及时清理粪便，对粪便要进行堆积发酵处理。

目前尚无理想的治疗方法,可试用大蒜酊每天 1 次,口服 5～10 毫升,隔 2 小时后内服活性炭,每次 1 克,每天 1 次。也可以试用磺胺类进行治疗,其他实行对症治疗。对严重腹泻者及时补液和补充电解质,可用市售的电解质维生素制剂按说明饮水,同时可静脉注射 5％葡萄糖注射液 15～30 毫升。如为混合感染,要注意对原发病或继发病的治疗。补充维生素 K 以阻止出血,补充维生素 A 促进上皮组织细胞修复等。肌内注射庆大霉素,每次 4 万单位,每天 2 次,防止细菌感染。

治疗的同时加强饲养及卫生管理和提高营养水平。对发病的家兔排出的粪便和污染的环境,应定期进行消毒,可用 10％甲醛溶液或 5％氨水进行消毒。

117. 如何防控兔卡氏肺孢子虫病?

本病是由卡氏肺孢子虫寄生于肺脏而引起的一种原虫病,是一种人兽共患寄生虫病。人和多种动物都能感染,但兔的感染多呈隐性经过,没有明显的临床症状和病变。家兔是作为研究人卡氏肺孢子虫病的动物模型。

(1)病原　卡氏肺孢子虫为真核单细胞生物,其分类地位尚未明确。生活史中主要有两种型体,即滋养体和包囊。在姬姆萨染色标本中,滋养体呈多态形,大小为 2～5 微米,胞质为浅蓝色,胞核为深紫色。包囊呈圆形或椭圆形,直径为 4～6 微米,略小于红细胞,经姬姆萨染色的标本,囊壁不着色,透明似晕圈状或环状,成熟包囊内含有 8 个香蕉形囊内小体,各有 1 个核。囊内小体的胞质为浅蓝色,核为紫红色。

卡氏肺孢子虫在人和动物肺组织内的发育过程已基本清楚,但在宿主体外的发育阶段尚未完全明了。一般认为本虫的包囊经空气传播而进入肺内。动物实验证实其在肺泡内发育的阶段,有滋养体、囊前期和包囊期 3 个时期。滋养体从包囊逸出经二分裂和内出芽和接合生殖等进行繁殖。滋养体细胞膜渐增厚形成囊壁,进入囊前期;随后囊内核进行分裂,每个核围以一团胞质,形成囊内小体。发育成熟的包囊含 8 个囊内小体,之后脱囊而出形成滋养体。

(2)临床症状及病理变化 健康兔感染本虫多数为隐性感染,无症状,当宿主免疫力低下时,处于潜伏状态的本虫即进行大量繁殖。主要病理变化为广泛性的间质性肺炎,局限于胸膜下区域的轻度肺炎。肺泡内以巨噬细胞、淋巴细胞和偶见浆细胞浸润为特征。

(3)防控措施 本病缺乏有效的治疗措施,其传播途径也不清楚,一般认为鼠类在本病的传播上可能是携带者。一般按传染病、寄生虫病的预防措施处理之。在医学上,用戊烷脒治疗人的卡氏肺孢子虫病有特效。

118. 如何防控兔棘球蚴病?

兔的棘球蚴病是由细粒棘球绦虫的幼虫——棘球蚴寄生于兔的内脏所引起的一种绦虫蚴病。是一种人兽共患的寄生虫病。兔是该病的中间宿主。其成虫绦虫寄生在犬、狐狸等肉食兽体内,犬是其终末宿主。该病使兔生长发育缓慢,饲料报酬降低,并诱发其他疾病,对养兔业危害较大。

(1)临床症状 虫体大量寄生时,患兔表现消瘦,黄疸,消化功能紊乱及营养不良,寄生于肺部时可出现咳嗽。

(2)诊断 主要是在脏器内查找棘球蚴包囊。脏器表面凹凸不平,有一些如豌豆、核桃大小的棘球蚴包囊,呈球形,直径 5~10 厘米,切开后,可流出黄色的囊液。囊壁很厚,由两层组成,囊液中有许多细小的头节。另外,也可见在其他脏器、肌肉、皮下、脑、脊髓等处。

（3）防控措施　兔场不能饲养犬等肉食动物，防止饲草饲料、饮水被犬粪污染。

药物治疗可用吡喹酮，50～100毫克/千克体重，一次口服。

119. 如何防控兔豆状囊尾蚴病?

本病是由豆状带绦虫的幼虫——豆状囊尾蚴寄生于兔的肝脏、肠系膜及腹腔所引起的一种绦虫蚴病。凡养犬的兔场经常会出现豆状囊尾蚴感染的病例，本病虽很少引起死亡，但可使感染兔生长发育缓慢，易引发兔瘟、巴氏杆菌病等，建议养殖场（户）不要掉以轻心，加强防控。

（1）流行特点　犬、猫等吞食了带有豆状囊尾蚴的脏器2个月后，即可排出豆状带绦虫成熟的节片和卵。兔吞食了被节片和卵污染的饲料后，24小时内，六钩蚴从绦虫卵中逸出进入肠壁，侵入血管，随血液循环到达肝脏，2～3个月内发育成囊尾蚴。被侵袭的胃、脾、肝、肺和腹膜上挂满葡萄状的球形囊尾蚴包囊。

（2）临床症状　兔在一般感染后无明显的临床症状，呈慢性经过。如果严重感染，患兔嗜睡，不喜活动，消化功能紊乱，消瘦贫血，腹围膨大，食欲减少，体重减轻，后期发生腹泻。幼兔感染可引起流行，发生大批死亡。本病与球虫病、疥螨、巴氏杆菌混合感染时，兔群会发生不断死亡。

（3）病理变化　虫体寄生部位主要在胃网膜、肠系膜和直肠后部的浆膜上。也有的寄生在肝脏和腹膜上。个别病例在肌肉和肺脏中发现虫体。虫体数量少者只有一条，多者上百条，似成串的葡萄。虫体呈卵圆形，有半透明的膜，内有透明的液体，在囊壁上可以看到白色的头节。

（4）防控措施　预防本病最根本的措施是加强犬、猫的管理。

严禁犬、猫进入兔场。防止饲料、饮水被犬、猫粪便污染。死亡病兔应深埋或焚烧处理,绝不能饲喂犬、猫。养犬的兔场应把犬固定在离兔舍较远的偏僻地方,粪便应勤清扫和消毒,防止污染场地。

吡喹酮治疗效果最好,按 25 毫克/千克体重皮下注射,连用 5 天,有显著疗效;也可口服,每千克体重 10～30 毫克,每日 1 次,连用 5 天。丙硫苯咪唑,15 毫克/千克体重,口服,每日 1 次,连用 5 天,间隔 10 天后再服 1 次,能杀灭虫体。甲苯达唑,每千克体重 35 毫克,口服,每日 1 次,连用 3 天。

120. 如何防控兔连续多头蚴病?

本病是由连续多头绦虫的幼虫寄生于兔的皮下、肌肉、脑、脊髓等组织中所引起的一种绦虫蚴病。

连续多头绦虫的成虫长约 70 厘米,头节上有顶突和 4 个吸盘,顶突上有 26～30 个小钩,子宫分枝 20～25 对,虫卵内含有六钩蚴。成虫寄生于犬的小肠,虫卵随犬的粪便排出体外,污染饲料或饮水,被兔等中间宿主吞入,六钩蚴便在消化道内逸出,钻入肠壁,随血液循环到达皮下和肌间结缔组织,发育增大。当带有这种包裹的未经煮熟的兔肉再被犬食入后,犬即感染连续多头绦虫。

本病的临床症状因幼虫寄生部位的不同而异。大多数虫体包囊寄生于皮下及肌间结缔组织,此时表现为皮下肿块,关节不灵活,如寄生于脑及脊髓,则可出现神经症状及麻痹。

在病兔的皮下、肌肉,特别是外咀嚼肌、腹肌及肩部、颈部和脊部的肌肉上检查到可动而无痛的核桃大至鸡蛋大的结节,触之有弹性,可推测为本病。也可通过手术摘出包囊,镜检包裹内含有许多连续多头蚴的头节而确诊。

防控参见豆状囊尾蚴病。还可采用外科手术方法摘除包囊治疗。由于本病的幼虫也可寄生于人体,引起人的疾患,因此工作人员要加强自身防护。

121. 如何防控兔肝片吸虫病?

本病是肝片吸虫在肝脏胆管中寄生所引起的寄生虫病,可引起急性或慢性肝炎、胆囊炎及胆管炎,同时伴有全身性中毒现象及营养不良等症状。此病宿主范围很广,多见于牛、羊、鹿、骆驼等反刍动物,以及猪、马、兔、野生动物和人。主要表现贫血、腹泻、消瘦,严重者可导致死亡,是一种危害十分严重的家畜寄生虫病。

(1)病原 肝片吸虫外观呈扁平叶状,体长 20~35 毫米,宽5~13 毫米。新鲜虫体为棕红色,虫体前端呈圆锥状突起,称头锥。头锥后方扩展变宽,形成肩部。肩部以后体逐渐变窄。雌雄同体。虫卵呈椭圆形,黄褐色,长 120~150 微米,宽 70~90 微米,前端较窄,有一不明显的卵盖,后端较钝。

(2)临床症状 开始发病时,病兔体温升高,喜伏卧,黏膜苍白,精神沉郁,食欲不振,消瘦衰弱,出现贫血和黄疸等症状,后期眼睑、颌下、胸膜下水肿,最后死亡。

(3)病理变化 早期可见肝肿大,后期萎缩硬化,主要病变以胆管壁粗糙增厚,呈灰白色条索状或结节状突出于肝表面为特征。

(4)防控措施 在有本病流行的地区,首先做好饲草及饮水的卫生工作,最好不要饲喂各种水生植物及池塘、水坑边的野草,以防囊蚴的感染。根据本场的实际情况定期进行驱虫,粪便要堆积发酵进行无害化处理。

治疗可用以下药物:阿苯达唑,15~20 毫克/千克体重,一次口服。硝氯酚,3 毫克/千克体重,一次口服。硫双二氯酚,80~100 毫克/千克体重,一次口服。丙硫咪唑,每千克体重 3~5 毫克拌入饲料喂给,或肝蛭净,每千克体重 10~12 毫克,一次口服。

122. 家兔血吸虫病的发病特点有哪些,如何防控?

本病是人兽共患的寄生虫病,在我国的长江流域形成严重的流行,由日本分枝吸虫引起,以贫血、消瘦、营养不良为主要症状。

(1)流行特点 本病的流行需要如下 3 个基本条件:①虫卵从宿主体内排出,在水中孵化。②毛蚴感染中间宿主钉螺,在钉螺体内发育繁殖,最后形成尾蚴从钉螺体内逸出。③尾蚴通过动物或其他宿主的皮肤,侵入宿主体内发育成为成虫。

家兔的感染是由于吃了带有尾蚴的青草,尾蚴经过唇部或口腔黏膜侵入兔体,发生感染。

(2)临床症状 在生前一般看不到明显的症状,大都在宰后检验时方能发现。当大量感染时,可出现贫血,消瘦,体温升高,腹泻,营养不良,腹泻时粪中带血和黏液,后期可出现腹水。

(3)病理变化 病理剖检时可见,肝的表面上有许多针头大小、灰白色或灰黄色、稍突出肝表面的小点。在肝的切面上也有同样的小结节,这就是虫卵结节。感染严重时,肝一般显著增大。在晚期,肝稍有缩小、变硬,用刀不易切割,表面粗糙不平,这是血吸虫病的肝硬化。在小肠可以看到虫卵结节,展开肠系膜对光检查,可观察到肠系膜静脉中的成虫。

(4)防控措施 注意饮水卫生,粪便处理,注意消灭田螺。患病兔及时处理和淘汰,避免感染尾蚴;注意加强卫生消毒,切断一切可能的传播途径,坚持笼养,注意笼具的消毒。

治疗可用吡喹酮,50~70 毫克/千克体重,一次内服。六氯对二甲苯,100 毫克/千克体重,每日 1 次,连用 7 天,内服。硝硫氰胺,2~3 毫克/千克体重,内服。

123. 如何防控结膜吸吮线虫病？

结膜吸吮线虫又称华裔吸吮线虫，是一种寄生在狗、猫、兔等动物眼部的线虫，亦可寄生于人的眼部，引起结膜吸吮线虫病。

结膜吸吮线虫是通过猫、犬等动物传染的。吸吮线虫在这些动物的结膜囊里产生幼虫，被中间宿主苍蝇吸食后，苍蝇接触到兔眼睛时，幼虫就可能进入眼的结膜囊里，经过 2～3 周后，变为成虫，虫体寄生于瞬膜下、结膜囊内，偶见于眼前房。家兔表现为结膜充血、流泪，角膜结膜炎和畏光。

防控主要是做好灭蝇工作。治疗方法简便，可用 1％地卡因、4％可卡因或 2％普鲁卡因注射液滴眼，虫体受刺激从眼角爬出时用镊子取出，或消毒棉签取出即可。然后用 3％硼酸水冲洗结膜囊，并点滴抗生素。

124. 如何防控肝毛细线虫病？

本病是由肝毛细线虫寄生于兔的肝脏引起的寄生虫病。本病是鼠类及许多啮齿类动物的常见的寄生虫病。成虫寄生于肝组织内，并在肝组织内成熟产卵，在肝脏形成灰白色的小结节，使肝脏明显肿胀。人感染是由于食入感染期卵污染的食物或水而引起。

(1)病原 肝毛细线虫细线状，雌虫大小为 20×0.1 毫米，雄虫约为雌虫的一半大。本病不需中间宿主，成虫寄生于肝组织内，并就地产卵，卵一般无法离开肝组织，当动物尸体腐烂分解释放出虫卵；或肝脏被狗、猫等吞食，肝组织被消化，虫卵随其粪便排出体外，并在有空气条件下发育为感染性虫卵，兔或其他动物吞食了此种感染性虫卵而感染。幼虫在小肠中孵出，钻入肠壁血管，经门脉循环进入肝脏，发育为成虫。

(2)临床症状及病理变化 病兔少量感染时常无明显症状,严重感染时,可见有消化功能紊乱、消瘦、黄疸等肝炎症状。病变主要是肝脏中出现黄豆大小白色或淡黄色结节,质硬,有时成堆,内含虫卵。有时可见成虫移行孔道,并可找到虫体。

本病生前诊断较为困难,根据剖检病变,取结节压片找到虫卵可以确诊。

(3)防控措施 对本病应以预防为主,消灭鼠及野生啮齿动物,禁止狗猪进入兔舍内,并且兔的肝脏不能生喂给狗、猫等暂时宿主。对本病的治疗可试用下列药物:阿苯达唑,按20~25毫克/千克体重,口服。甲苯唑,按30毫克/千克体重,口服。盐酸左旋咪唑,按36毫克/千克体重,口服。

125. 如何防控兔蛲虫病?

本病又称兔栓尾线虫病,是由蛔虫目栓尾属的兔栓尾线虫寄生于兔的盲肠及大肠内引起的一种常见的线虫病。本病呈世界性分布,家兔感染率较高,严重者可引起死亡。

(1)病原 本病主要感染兔。患病兔是主要传染源。虫体细线头状,雄虫长3~5毫米,雌虫长8~12毫米,尾端尖细,寄生于兔的盲肠及大肠内,并在此产卵。虫卵两侧不对称,椭圆形,卵壳光滑,一端有卵盖,内含胚细胞或一条卷曲的幼虫。虫卵随粪便排出体外,可污染环境、饲料和饮水。兔在采食和饮水过程中食入了卵即被感染。

(2)临床症状 轻度感染即感染量少时见不到明显的症状,当大量感染时,由于幼虫在盲肠内发育并以肠黏膜为食,可引起黏膜损伤、炎症和溃疡,患兔表现精神沉郁、食欲减少、腹泻、被毛粗乱、进行性消瘦,重者可引起死亡。

怀疑兔患本病时可进行粪便检查,镜下可发现虫卵。药物驱虫后检查粪便或剖检盲肠发现大量成虫可确诊。

(3)防控措施 为防止本病,必须搞好兔舍的环境卫生,及时清理粪尿,以防污染饲料和饮水。兔栓尾线虫的发育史为直接感染的形式,排到外界的虫卵必须被另一兔吞食在胃内孵出后方能感染。因此,有条件者应尽量减少同笼的兔只数,从而减少感染的机会。兔栓尾线虫病虽为兔的常见多发病,却很少受到养兔户的重视。通过此病例,应引起养兔户高度重视。该病应以预防为主,每年春、秋季 2 次或通过监控随时对兔进行驱虫,以控制该病的发生与流行,确保养兔业健康发展。

治疗时,可选用左旋咪唑,以每千克体重 5～10 毫克剂量口服,每天 1 次,连用 2 天;或阿苯达唑,每千克体重 20 毫克剂量混饲,隔日 1 次,连用 2 次。

126. 兔鞭虫病是如何发生的,如何防控?

兔鞭虫病又称毛首线虫病,是由兔毛首线虫寄生于兔大肠所引起的一种体内寄生虫病。文献记载兔鞭虫共有两种,即兔毛首线虫和棉尾兔毛首线虫,前者寄生于家兔、野兔及黄鼠,后者只在野兔中有寄生,未见家兔体内寄生的报道。

(1)发病特点 兔鞭虫因其外形像鞭子(前段细后端粗)而得名,前部又似毛发故又称毛首线虫,主要感染家兔和野兔。患病兔是主要传染源。成虫寄生于兔的盲肠和结肠内,虫体尖端可钻入肠黏膜深处并在此产卵。虫卵椭圆形,两端有塞状物,虫卵随粪便排出体外,可污染环境、饲料和饮水,并在体外发育成含幼虫的感染性卵,兔在采食和饮水过程中食入了具有感染性的卵,卵内的幼虫逸出并进入小肠前段黏膜内,然后移行到盲肠和结肠发育为成虫。

(2)临床症状 轻度感染即感染量少时见不到明显的症状,当大量寄生时可造成盲肠黏膜的广泛破坏,病兔出现腹痛、腹泻、粪便带血,有的腹泻与便秘交替发生,有时可发生贫血,幼兔发育缓慢。

(3)防控措施　及时清理舍内粪便,保持笼舍的清洁、干燥、卫生,定期消毒,定期驱虫可参照治疗用药。治疗可用杀鞭虫灵(酞酸丙炔脂),每千克体重 250～300 毫克,口服或静脉注射 1 次,效果很好。甲苯达唑,每千克体重 22 毫克,混于饲料中,每天 1 次,连用 5 天。丙硫苯咪唑,每千克体重 25 毫克,混饲,隔日 1 次,连用 2 次。

127. 兔虱病是如何发生的,如何防控?

本病是由各种兔虱寄生于兔的体表引起的一种外寄生虫病。根据兔虱的种类不同,有的吸食血液,有的则啮食兔毛和皮屑,不但影响了兔的生长发育,而且损及被毛,降低皮毛质量,从而给养兔业造成了一定的损失。

(1)病原　兔虱根据其口器结构和采食方式不同,可分为两类。一类属于虱亚目,为刺吸式口器,以吸食宿主血液为食,因此称之为血虱。另一类属于食毛亚目,为咀嚼式口器,以兔毛和皮屑为主要食物,称之为毛虱。

血虱成虫长 1.2～1.5 毫米,成熟的雌虫排出带有黏液的物质、圆筒形的卵,能附着于兔毛根部,经 8～10 天,童虫从卵中钻出,成为幼虫,幼虫再经过 3 次蜕皮,发育成成虫,雌虫交配且 1～2 天后开始产卵,可持续 40 天。幼虫和成虫都能吸血。

(2)临床症状　家兔表现贫血,消瘦,软弱无力,被毛变薄,皮肤发炎、发痒,用嘴啃或摩擦,咬伤或擦破,引起皮肤感染。

用手拨开被毛能发现黑色的兔虱在活动。在毛根部可见到淡黄色的卵。定性需做寄生虫鉴别诊断。

(3)防控措施　注意环境卫生,不能将患虱病的病兔混入健康兔群。发现病兔及时隔离治疗,防止传播。

治疗可采取涂抹、内服和注射方法。①药浴及涂搽。可选用 0.05％辛硫磷乳油水溶液或溴氰菊酯 1：4 000 的水溶液,进行药浴或涂抹。②阿维菌素,0.1 毫克/千克体重,内服。③阿维菌素、伊维菌素,皮下注射,0.2 毫克/千克体重。

本病有时可能与螨病混合感染,在防治上应注意。有时可能发生虱、螨、细菌、真菌混合感染,在治疗时要注意有针对性地联合用药。

128. 如何防控兔蚤?

蚤俗称跳蚤,是一种小型无翅的吸血性昆虫,宿主范围比较广泛,此外蚤善跳,活动性强,除了吸血、骚扰宿主之外,还是鼠疫、结核、黑热病、斑疹伤寒、丝虫病、土拉杆菌病、黏液瘤病等很多疫病的传播媒介。

(1)病原 跳蚤属蚤目,已知跳蚤种类近 1 800 种以上,寄生在家兔和野兔体表的大概有 25 种,如人蚤、鸡冠蚤、犬蚤、鼠蚤和兔蚤等。蚤身体两侧扁平,体长 1～3 毫米,深褐色,雄虫比雌虫小。头小与胸紧密相连,刺吸式口器,足大而粗,与体部相连的基节很大,善于跳跃。

(2)流行病学 跳蚤成虫一直住在宿主身上。找到宿主吸血,2 天之内,成虫开始以每天产卵 50 个的速度繁殖。跳蚤的卵和排泄物均掉在地上,排泄物将是幼虫的食物。幼虫喜欢幽暗的地方,幼虫最后结茧,在茧里长为成虫,等待宿主到来的信号,如热、二氧化碳或震动。如果没有宿主的话,成虫在茧里可以等 2 年。条件适宜的话,跳蚤的生命周期可在 15 天内完成。一只成年的跳蚤可以生产出成千的卵、幼虫和等待孵出的成虫。

(3)危害 蚤吸食兔血,影响兔正常的生长发育。引起皮肤的局部炎症、红肿、脱毛,易引起细菌的感染。传播一些传染病,蚤的活动范围广,宿主的选择比较广泛,通过吸食动物的血液互相传播病原。由于兔蚤的吸食造成家兔皮肤的痒疼,兔抓挠造成皮肤受损和毛的粗乱和擀毡,皮毛的价值下降,经济损失较大。

(4)防控措施　可用溴氰菊酯等杀虫剂或其他杀虱药往兔被毛上喷洒或涂抹,既可治疗也能预防。防止野兔等动物进入兔场,以免带入。搞好环境卫生,清除粪便和杂草,定期用热碱水清洗兔笼、用具和地面,有一定预防作用。

国内目前比较安全、长效的灭蚤产品有 2 种,一种叫灭虫宁(国产),一种叫福来恩(进口)。两种药的灭虫机理是:将药滴在兔的皮肤上,药会迅速渗透到皮下,产生微毒。跳蚤再咬兔的时候就会被毒死。因为药效持续时间长(1 个月左右),所以如果有新的跳蚤孵出来,在药物有效期内也会很快被毒死。不过要注意的是,灭虫宁的用量有严格的限制,不能超出说明书上的用量,否则容易皮肤过敏,仔兔和妊娠母兔禁用;福来恩价格贵,但是产品较安全。二者使用时要严格按照药品使用说明。

129. 怎样杀灭蚊、蝇、蚤和蜱?

蚊、蝇等节肢动物都是家兔疫病的重要的传播媒介,因此杀灭这些传播媒介昆虫和防止它们的出现,在预防和扑灭家兔疫病方面具有重要的意义。主要的杀虫方法有如下几种。

(1)物理法　①以喷灯火焰喷烧昆虫聚集的墙壁、耐火用具的缝隙,以火焰焚烧昆虫聚居的垃圾废物。②利用 $100℃\sim160℃$ 干热空气杀灭昆虫及虫卵。③用沸水或热蒸汽蒸烫车辆、兔舍和衣服。人工捕捉也能消灭一部分昆虫。④安装防蚊蝇网是比较有效的防控方法。在门窗、各个通风出口,做框安装纱网,注意出入关闭,防止蚊蝇进入。有条件的可将整个的活动场所、全部用塑料纱网封闭起来,使蚊蝇不能进入饲养区和管理区,同时也可以防止各种鸟类、昆虫的进入。此法一次性投入不多,而且可以使用几年。

(2)药物杀虫法 主要应用化学杀虫剂来杀虫。目前常用的杀虫剂主要是通过胃毒、触杀、熏蒸和内吸作用来达到杀虫目的。常用的杀虫剂主要有以下几种。

①有机磷杀虫剂 包括甲胺磷、乙酰甲胺磷、水胺硫磷、乐果等。

②拟除虫菊酯类 溴氰菊酯、氯氰菊酯、甲氰菊酯等具有广谱、高效、作用快、残效短、毒性低、用量少等特点。

③昆虫生长调节剂 可阻碍或干扰昆虫正常发育生长而致其死亡,不污染环境,对人、畜无害。目前应用的是保幼激素和昆虫生长调节剂,前者可以抑制幼虫化蛹和蛹的羽化作用,后者抑制表皮基丁质,阻碍表皮形成,导致昆虫死亡。这类杀虫剂包括保幼激素、抗保幼激素、蜕皮激素和几丁质合成抑制剂等。

④驱避剂 是可使害虫逃离的药剂。这些药剂本身虽无毒杀害虫的作用,但由于其具有某种特殊的气味,能使害虫忌避,或能驱散害虫。主要用于兔的体表,可做成耳标、项圈,保护兔不被害虫侵扰。

第五章　兔营养代谢病

130. 什么是营养代谢性疾病?

营养代谢是指兔体利用外部的糖、蛋白质、脂肪、维生素、矿物质和水进行生命活动所必需的生理生化反应。任何一种物质的不足或过多都可对家兔发生不利的作用,因而产生疾病。在现代集约化的畜牧生产中,家兔的营养物质必须依靠从人工配制的饲草饲料中获得,由于各种原因造成的营养过多或营养缺乏都可以产生疾病,这类疾病称为营养代谢病。

维生素是家兔生长、发育和繁殖过程中必需的营养物质,其主要功能是调节动物体内各种生理功能的正常进行,参与体内各种物质的代谢。缺乏时影响机体的新陈代谢,在临床上表现出各种不同的代谢病。家兔需要的脂溶性维生素 A、维生素 D、维生素 E、维生素 K 必须从饲料中获得,其他维生素则可由盲肠内微生物合成,通过大肠吸收和家兔食软粪被有效的利用,一般可满足家兔对 B 族维生素的需要。只有在家兔患病、应激、不良环境、日粮中有拮抗物等影响维生素的吸收和利用时,才可能发生缺乏症。

131. 什么是维生素 A 缺乏症,如何防控?

(1)发病原因　原发性兔维生素 A 缺乏症,多为饲养管理不当因素所引起的发病:①给兔长期饲喂缺乏维生素 A 原(胡萝卜素等)的饲料,如给兔长期饲喂米糠、麸皮、干谷粉、劣质干草等;

②给兔长期饲喂贮藏过久或腐败变质的饲料,这些饲料中的维生素 A 原(胡萝卜素等)多遭受过严重破坏而使其供应不足;③兔长期饲养在阴暗潮湿的兔舍里,缺乏日照和适当运动,以及饲料中缺乏矿物质或微量元素等因素,以上均可引发兔发生维生素 A 缺乏症。

继发性兔维生素 A 缺乏症,多由于发生了慢性消化系统疾病后所引起的继发症。因为饲料中的维生素 A 原(胡萝卜素等)进入兔体内,主要是通过兔肠上皮组织进行中转后变成维生素 A 的,而兔体内的维生素 A 主要是储存在肝脏中,所以当兔发生慢性消化系统疾病或肝脏疾病时,如发生慢性胃肠炎、肝型球虫病等,都可使兔发生吸收、转化与储存维生素 A 的功能障碍,从而引起兔发生继发性维生素 A 缺乏症。

(2)临床症状 本病能导致兔机体上皮组织功能的紊乱,可使兔皮肤与黏膜上皮组织发生角质化与变性。表现为皮脂溢出等皮炎症状;泪腺分泌减少,眼角膜干燥粗糙,呈现出云雾状混浊、眼周围积有干燥眼屎的干眼病症状;公兔精子活力严重下降,发生生殖功能障碍症;母兔发生流产、死胎,或产出的胎儿衰弱,或产出先天性畸形仔兔,并会发生胎盘滞留症。

本病能导致兔神经的损害,表现共济失调的神经症状;夜盲症,使兔发生盲目前进或行动迟缓、碰撞障碍物;不愿运动,有时转圈、摇头,严重病者转向一侧、或后仰、或头颈缩起、四肢麻痹、发生惊厥等症状。

本病能导致兔的生长缓慢、消瘦与衰竭。临床表现为兔的生长缓慢与消瘦,使兔的体重不断减轻,严重病例兔可逐渐瘦弱后衰竭死亡。

(3)防控措施 首先加强对兔的饲养管理工作,科学配制兔全价日粮饲料。在兔的日粮中,要添加富含维生素 A 原的饲料,如在兔的日粮(饲料)中添加黄玉米、胡萝卜、南瓜、青绿的豆科植物等饲料,或在混合饲料(干)中添加维生素 A 10 000 单位/千克饲料。严禁给兔饲喂贮藏过久或腐败变质的饲料。其次是做好兔慢性胃肠炎、球虫病等消化系统慢性疾病的防治工作。这样就可使兔维持肠对维生素 A 的正常吸收、转化与利用机能,以及维持肝对维生素 A 的正常储存机能。

治疗主要是补充维生素 A 制剂。维生素 A 胶丸,内服,每只每次 400～1 000 单位,每天 1 次,连服 7 天,停药 7 天后再服 7 天,直到康复。鱼肝油,内服,每只每天 0.5～1 毫升,也可混入饲料,按 0.1 毫升/千克饲料量添加。也可肌内注射维生素 A 与维生素 D 各 5 000 单位的混合液,每只每次 0.25 毫升,隔天 1 次,连续 7 天。

132. 什么是维生素 D 缺乏症,如何防控?

本病是由于维生素 D 供应不足或吸收障碍所引起的代谢性疾病,以钙、磷代谢紊乱为特征。发生于幼龄动物,软骨骨化障碍,骨基质钙盐沉着不足,临床上以发育迟缓、骨骺肿大及骨骼变形为特征,称为佝偻病。发生于成年动物,表现为骨质进行性脱钙脱磷,以骨质疏松为特征,称为骨软症。

(1)发病原因

①佝偻病病因　先天性佝偻病,是因为妊娠母兔在妊娠期间营养失调或缺乏光照,运动不足,饲料中缺乏矿物质、维生素 D 和蛋白质,以致胎儿发育不良而发病。后天性佝偻病,主要有以下几种情况:断奶过早;饲料中矿物质、蛋白质和维生素 D 不足;光照不足;胃肠道疾病,以致维生素 D 吸收不足或根本不能吸收。

②骨软症病因　主要由于饲料中维生素 D 缺乏或钙、磷绝对量不足或二者比例失调。成年兔为维持血清中钙、磷浓度而动用骨骼中的钙和磷,引起骨质疏松。

(2)临床症状 先天性佝偻病,仔兔出生后表现体质软弱,肢体异常,变形,与同龄兔相比,能站立起来的时间延迟,而且站立不稳,走路摇摇晃晃,四肢向外倾斜。

后天性佝偻病,首先表现异嗜,舔啃墙壁、石块,采食垫草、泥沙或其他异物。精神不振,食欲减退,逐渐消瘦,生长发展缓慢,随着病情的发展出现骨骼的改变。主要表现是弓腰凹背,四肢关节疼痛,出现跛行。长管骨干骺端膨大。在体重的负荷之下,四肢骨骼逐渐弯曲。肋骨与肋软骨结合处肿大,出现特征性的佝偻病性"骨串球",由于肋骨内陷,胸骨凸出,形成"鸡胸"。

骨软症主要表现成年兔跛行,四肢关节肿大,易发生骨折。严重的病例,由于血钙降低而出现抽搐,随后死亡。

(3)防控措施 对妊娠兔、哺乳母兔和幼兔要加强饲养管理,有充足的光照和适当的运动,供给全价饲料,尤其是钙、磷比例要适当。注意补给矿物质,如骨粉、石粉等。应适当增补维生素 D。

治疗方法有两种:一种是食物疗法。对病兔要加强护理,多晒太阳,在饲料中除保证充足的维生素 D(一般为 50~100 单位)外,还要拌入骨粉、贝壳粉或石粉(1.5~3.0 克),钙、磷比以 1∶0.9~1.0 为宜。

另一种是药物治疗。10％葡萄糖酸钙注射液,每千克体重0.5~1.5 毫升,1 日 2 次,连用 5~7 天,静脉注射。维丁胶性钙注射液(骨化醇胶性钙注射液),每次 1 000~2 000 单位,肌内或皮下注射,每日 1 次,连用 5~7 天。维生素 D_3 注射液,每千克体重1 500~3 000 单位,肌内注射。本品应用前后,要给病兔补充钙剂。碳酸钙,每次 0.5~1 克,内服,每日 1 次。维丁钙片每次 1~2 片,内服,1 日 1 次。

133. 什么是维生素 E 缺乏症,如何防控?

维生素 E 又称生育酚,为脂溶性维生素。最早人们只把它当做"抗不育维生素"或"妊娠性维生素",现在看来已经远远不够全面了。因为维生素 E 不仅对繁殖产生影响,而且也介入新陈代谢,调节腺体功能和影响包括心肌在内的肌肉活动性。维生素 E 缺乏,可导致营养性肌肉萎缩。

(1)发病原因　饲料中维生素 E 含量不足;或者饲料中不饱和脂肪酸含量过高时,对维生素 E 的需要量也相对增高,若长期饲喂含不饱和脂肪酸的饲料,容易引起维生素 E 缺乏症。

肝脏患病时(如肝球虫感染),由于维生素 E 储存减少,而利用和破坏增加,因而也易发本病。

(2)临床症状　首先表现肌肉强直,继而呈现进行性肌无力。不爱活动,喜欢卧地,全身紧张性降低。肌肉萎缩,并引起运动障碍,步态不稳,平衡失调。食欲由减退到废绝,体重逐渐减轻。最终导致骨骼肌和心肌变性,全身衰竭,直至死亡。幼兔表现生长发育停滞。母兔表现受胎率降低,出现流产或死胎。公兔可导致睾丸损伤和阻碍精子的产生。

(3)病理变化　剖检可见骨骼肌、心肌、咬肌、膈肌萎缩,外观极度苍白,呈透明样变性。横纹肌消失和肌纤维碎裂。坏死纤维有钙化现象。

(4)诊断　依据临床症状和病理变化可怀疑本病,确诊还要结合饲料分析。

(5)防控措施　平时要补充青绿饲料,如大麦芽、苜蓿等都含有丰富的维生素 E。据报道,每只每千克体重日消耗 50～60 克饲料的生长兔,在每千克饲料中至少应含右旋 a-生育酚 19～22 毫克,及时治疗肝脏疾患对预防治疗维生素 E 缺乏是必要的。

治疗可在饲料中补加维生素 E（按每千克体重每日 0.32～1.4 毫克），自由采食，或饲料中添加维生素 E 和微量元素硒。病重者可肌内注射维生素 E 制剂，每次 1 000 单位，每日 2 次，连用2～3 天；或肌内注射亚硒酸钠维生素 E 注射液，每次 0.5～1 毫升，每日 1 次，连用 2～3 天。

134. 什么是维生素 K 缺乏症，如何防控？

本病是由于维生素 K 缺乏引起的凝血障碍性疾病。维生素 K 是肝脏合成凝血因子的必需物质，它参与这些因子的无活性前体形成活性产物的梭化作用。缺乏维生素 K 可导致这些因子的合成障碍，引起出血倾向或出血，因此这些因子称为维生素 K 依赖因子。

(1)发病原因　主要是青绿饲料缺乏，人工饲料中供应不足，长期应用某些抗菌药（青霉素、磺胺类）使肠道菌群失调，不能合成维生素 K，因而出现缺乏症。

(2)临床症状　缺乏维生素 K 时，可使凝血功能失调，即使轻微创伤也会造成血管破裂，导致大量出血，凝血时间延长，血尿，妊娠母兔流产。病兔感觉过敏，食欲不振，皮肤和黏膜出血，血液呈水样，凝固时间延长，黏膜苍白，心搏加快。

(3)防控措施　在饲料或饮水中添加适当比例的维生素 K，供兔自由饮用或采食。注意不要长期使用抗生素，这是防止维生素 K 缺乏的主要措施。在家兔患球虫病时，在治疗过程中要注意添加维生素 K。也可采用药物治疗，维生素 K 注射液 1 毫升，10% 葡萄糖注射液 30 毫升，静脉注射。

135. B 族维生素缺乏症有哪些临床表现？

B 族维生素是一类水溶性维生素，包括维生素 B_1（硫胺素）、维生素 B_2（核黄素）、泛酸、烟酸、维生素 B_6、维生素 H、叶酸和维生素 B_{12}。水溶性维生素一般不在体内储存，超过生理需要的部分会很快随尿排出体外，因此长期应用造成蓄积中毒的可能性很小。一次大剂量应用一般也不会造成毒性反应。B 族维生素主要存在于谷物、米糠、麦麸及青绿饲料中，通常兔通过吞食软粪可获得需要的维生素。但在饲喂低纤维、高能或蛋白质严重缺乏的饲料，或对饲料进行碱化处理和高温加热时可破坏维生素类，长期使用抗生素，造成肠道菌群失调，使维生素合成障碍，长期消化不良也可造成 B 族维生素缺乏。

(1) 维生素 B_1 缺乏　本病是由于硫胺素不足或缺乏所引起的一种营养缺乏病，临床上以消化障碍和神经症状为特征。

日粮中硫胺素含量不足，或者家兔吃不到含有维生素 B_1 的软粪。家兔在消化过程中有一个特点，即能在盲肠内利用微生物制造复合维生素 B_1。但在盲肠内被吸收的甚少，而呈黑鞋油状或松散熟糊状的球形体（其表面比通常粪球亮）被排出体外，称之为盲肠粪，因其含有丰富的维生素，所以也叫维生素粪。家兔具有立即吞食盲肠粪的本能（不能视为病态），从而获得生命所必需的维生素。如果家兔不吃盲肠粪，就容易发生维生素 B_1 缺乏症。

维生素 B_1 缺乏的家兔会出现消化功能障碍，食欲不振，便秘或腹泻；严重时出现渐进性水肿，神经系统损害，表现运动失调、麻痹、痉挛和抽搐，昏迷甚至死亡。

(2) 维生素 B_2 缺乏　维生素 B_2 是体内能量代谢的酶的组成成分，作为递氢体，参与碳水化合物、脂肪、蛋白质和核酸代谢，具有促进蛋白质在体内储存，提高饲料转化率，调节生长和组织修复的作用,还有保护肝脏,调节肾上腺素分泌,保护皮肤和皮质腺的功能。

家兔缺乏维生素 B_2 表现食欲不振,腿足无力,生长受阻,口腔黏膜炎症不易康复,繁殖能力下降。被毛粗糙,脱色,局部脱毛,乃至秃毛。

(3)维生素 B_6 缺乏 维生素 B_6 包括吡哆醇、吡哆醛和吡哆胺。它们是氨基酸脱羧和转氨酶的辅酶,还参与半胱氨酸脱硫、亚油酸变成花生四烯酸、色氨酸变成烟酸、醛与醇的互变反应,磷酸化酶也含有维生素 B_6。维生素 B_6 还有止呕作用。家兔维生素 B_6 缺乏可导致体内磷酸化酶的活性下降,生长激素、促性腺激素、性激素、胰岛素、甲状腺素的活性和含量下降。

(4)维生素 B_{12} 缺乏 维生素 B_{12} 与内因子(肠黏膜分泌的一种糖蛋白)形成复合物,在钙离子的参与下在回肠末端被吸收。维生素 B_{12} 在肝脏转化为腺苷钴胺和甲基钴胺,是多种酶系的组成成分,可促进 DNA 合成和红细胞生成,并维持神经组织的正常结构和功能。

家兔缺乏维生素 B_{12} 主要表现生长受阻,饲料转化率低,抗病力下降,皮肤粗糙,贫血,消瘦,神经兴奋性增高,触觉灵敏,共济失调,食欲下降,易患肺炎、胃肠炎、腹泻或便秘。病理变化为黏膜苍白,全身贫血。

136. 如何防控 B 族维生素缺乏症?

经常补充青绿饲料,注意全价日粮的营养平衡,满足家兔的营养需要,多喂含 B 族维生素丰富的饲草饲料,及时治疗各种肠道疾病。

维生素 B_1 存在于所有植物性饲料中,干燥的啤酒酵母、饲料酵母及谷物胚芽中含量特别丰富,在日粮中适当添加酵母、谷物等,可预防维生素 B_1 的发生。病兔可内服维生素 B_1 制剂,每次 $1\sim2$ 片(每片含 10 毫克);或肌内注射维生素 B_1 制剂。

维生素 B_2 在软粪中含量比较高,一般通过食软粪可满足需要。维生素 B_2 缺乏时,在饲料中添加维生素 B_2 制剂,20 毫克/千克饲料,连用 15 天,以后改为正常饲料添加量。

吡哆醇(维生素 B_6)在饲草的谷物中含量丰富,后肠微生物也能大量合成,所以日粮中一般不会发生缺乏症。但是用亚麻饼作家兔蛋白质饲料时,需考虑补加。维生素 B_6 缺乏时,在饲料中添加维生素 B_6 制剂,$0.6\sim1$ 毫克/千克饲料,连用 15 天。

维生素 B_{12} 在家兔日粮中常缺乏,但肠道中合成量大,软粪中的量高于日粮许多倍,血清、尿中含量也高。成年兔日粮中钴含量充足,不需供应,但生长兔肠道合成满足不了生长的需求,日粮中需要添加。维生素 B_{12} 缺乏时,在饲料中添加维生素 B_{12} 制剂,0.04 毫克/千克饲料,用于预防;0.4 毫克/千克饲料,用于治疗。

137. 什么是维生素 C 缺乏症,如何防控?

维生素 C 又名抗坏血酸,是家兔维持正常生命活动的重要的维生素。其主要功效是:参与机体的氧化还原反应;解毒作用;参与体内活性物质和组织代谢;增强机体的抗病、抗应激能力,促进免疫力。

(1)临床症状 表现四肢肿胀,关节肿胀,爪垫红肿,严重时形成溃疡和裂纹,有时尾尖也出现肿胀发红,吱叫,乱跑,弓腰,头向后仰。由于仔兔不能吸食母乳,母兔乳房发硬而狂躁不安,口衔仔兔来回走动,常常咬死仔兔。仔兔生后 $2\sim3$ 天死亡。

(2)病理变化 剖检可见尸体极度消瘦,皮肤、皮下结缔组织、肌肉、四肢关节、内脏、黏膜、浆膜都有不同程度的出血和渗出;淋巴结肿胀,充血。心脏、肌肉、肝、肾发生脂肪变性。口腔呈溃疡性口炎;骨骼疏松变脆,骨髓也受损害。

(3)防控措施 加强饲养管理,多喂青绿饲料,冬季多喂块根饲料、胡萝卜、青贮饲料和优质干草。配合日粮要按饲养标准足量添加维生素 C。

治疗可口服、肌内或静脉注射维生素 C 制剂。

138. 兔异食癖的发生原因有哪些,如何防控?

(1)发病原因

①食仔癖 以过早初产母兔为多见,多发生在产后 3 天内。刚生下或产后几天的仔兔被母兔吞食、咬死或咬伤,有时将全窝兔吃光,有时吞食一部分,有的将仔兔的耳、脚咬去。多数在窝里见不到血迹。其主要原因有 5 个:一是母兔在妊娠期和哺乳期严重缺乏蛋白质、矿物质和维生素,引起食仔;二是产后母兔缺水,特别是夏、秋季节母兔分娩时急需饮水,无水往往食仔;三是母兔在分娩或哺乳过程中,受到强烈噪声、惊吓等应激因素刺激,造成神经紊乱,多出现食仔、咬仔、踏仔等现象;四是母兔闻到仔兔身上有异味时,也会引起食仔;五是极少数母兔有食仔恶癖。

②食毛癖 多发生在早春和深秋气候多变的季节,以 1～4 月龄的幼兔最为常见,分自食和互食两种。常常是一只食毛,全群效仿,而往往都集中先吃同一只,有的将兔毛吃光后连皮也撕破吃掉,极易造成兔子死亡。食毛癖发生的主要原因是日粮中含硫氨基酸(蛋氨酸和胱氨酸)不足,缺乏维生素和某些微量元素(钠、钙、氯、铁)等。兔笼狭小,兔群过度拥挤,气候忽冷忽热,也是发生食毛癖的诱发因素。

③食足癖 家兔患有干爪病时,因足部受螨虫侵袭,痛痒难忍便会啃吃足部。其发病特点具有高度的接触传染性,往往一只出现食足,群体感染。家兔腿、足受伤时,血液循环系统受阻,代谢产

物蓄积于受伤部位,刺激家兔痒痛,也会出现食足。

④食土癖　家兔啃吃笼舍、墙壁上的土、砖瓦等。主要原因是由于日粮中矿物质含量不足或比例失调引起,凡是出现食土的家兔,饲料中均缺乏食盐、钙、磷及微量元素。

⑤食木癖　家兔的门齿终生生长,为保持适当的牙长,需要不停地磨损,饲料中粗纤维含量不足或饲料硬度不够,家兔便会出现啃木现象,对木制或竹制兔门、笼底板破坏极大。

(2)防控措施　母兔在没有达到配种年龄和配种体重时,不要提前交配。母兔妊娠后期和哺乳期应加强饲养管理,饲喂全价配合饲料,保证母兔对蛋白质、维生素、微量元素的需求。保证充足的饮水并在水中加入 0.5%～0.9% 的食盐或 2%～3% 的红糖。同时,注意水不能太凉,产箱应清洁无异味,分娩前后要供应充足的青饲料、块根饲料。生产环境要保持安静,减少应激因素的刺激,产仔箱垫料不能有异味。因故仔兔并窝时要在仔兔的身上涂点母兔的粪尿或煤油等有味物质,扰乱母兔的嗅觉。经常捡出死亡仔兔,坚决淘汰有食仔恶癖的母兔,或实行母仔分开饲养。

保持兔舍通风透光,做到夏天防潮、冬季保温。经常检查兔群,及时发现和隔离食毛患兔,减少饲养密度,并在患兔饲料中补充 0.1%～0.2% 含硫氨基酸或添加石膏粉 0.5%,增喂青绿饲料。

经常用三氯杀螨醇消毒兔笼、兔舍,防止兔疥螨病发生,保持兔笼和笼底板平整,不带钉头、毛刺,笼底板间隙要适宜,防止兔脚卡在间隙里造成骨折或受伤。在饲料中加喂特效止啄灵,对食足癖有显著的治疗效果。

对于食土癖的家兔,饲喂应定时、定量,使家兔养成良好的饮食习惯。在饲料中补加食盐、骨粉和微量元素,即可停止食土现象。

对于食木癖的家兔,在配合饲料中应保持足够的粗纤维含量,可在兔笼内放置一些树枝或木块,满足需要。对啃吃木制或竹制兔笼形成恶癖的兔子,可用钢丝钳剪断下颌二枚门齿 1/2 左右,术后无不良影响,半年 1 次。

139. 如何防控兔的生产瘫痪?

本病是母兔分娩前后突然发生的一种严重的代谢性疾病,其特征是由于低血钙而使知觉丧失及四肢瘫痪。多发生于饲料单一、比例不合理、管理措施差的兔场,以及繁殖过多的母兔。

(1)发病原因　主要是由于临产前后血钙浓度的急剧下降,导致肌肉收缩力下降而瘫痪。造成血钙浓度下降的原因主要是饲料中缺钙、钙磷比例不当、维生素 D 缺乏、高产满足胎儿对钙的需求、产后泌乳丢失钙、运动不足、缺乏日光照射和应激,母兔产后管理不当,遭遇贼风、潮湿、低温,消化功能下降、内分泌失调也可以引起本病的发生。本病多发生于产后 15～20 天,有时也发生于产前几天或产后几天内。

(2)临床症状　分娩前后的母兔产生瘫痪,病初食欲减少至食欲废绝,精神沉郁,表现轻度不安,有的表现神经兴奋,头部和四肢痉挛,不能保持平衡,随后后肢开始瘫痪,不能站立,体温明显下降。有的突然发病,精神沉郁,全身肌肉麻痹,卧地不起,四肢向两侧叉开,不能站立。反射消失或迟钝。

(3)防控措施　兔的日粮,尤其是妊娠母兔、哺乳母兔的日粮一定要注意合理搭配,注意钙、磷平衡及其含量,特别要满足维生素 D 的供应。在饲料中添加 2％～3％的骨粉或贝壳粉,或添加磷酸氢钙。妊娠后期要使母兔保持适当的运动和接受日光照射。积极预防消化道疾病,增强母兔对钙的吸收能力。

在治疗上,静脉注射 10％葡萄糖酸钙注射液 5～10 毫升,50％葡萄糖注射液 10～20 毫升,每日 1 次。或 10％氯化钙注射液 5～10 毫升,50％葡萄糖注射液 10～20 毫升,混合静脉注射。

或维丁胶性钙注射液 2 毫升,肌内注射。同时调整日粮配合,满足家兔对钙、磷、维生素 D 的需要。也可口服维生素 C 片或肌内注射维生素 C 注射液 2 毫升。同时采取其他对症治疗措施。

140. 什么是兔水肿病,如何防控?

本病是一种家兔的营养代谢性疾病,一般说来本病较少发生,在养兔和兔病资料中几乎都没有记载,但本病又确确实实存在于养兔生产中。由于人们对本病缺少认知,以至于发生后也未能及时做出正确诊断。实际上兔水肿病的病因是由于兔饲料中缺少微量元素硒所致。

本病多发于青、壮年兔,愈是生长快速、增重明显的兔愈易发。其典型症状为精神沉郁、食欲废绝;胸、腹部皮下蓄积大量渗出液,触之有明显的波动感,如用消毒注射针头轻戳胸、腹部皮下,可见不断有清亮、透明的液体自针孔滴出。患兔如不及时治疗,通常死亡。

剖检时最明显可见胸、腹部皮下浸润、水肿,肿胀可达 1 厘米以上,水肿处皮下渗出液可达 300 毫升以上。

本病发生的机理在于,硒是维持动物细胞膜正常功能,促进抗体生成,增强机体免疫力的必需元素。硒在兔体内可帮助维生素 E 的吸收,与维生素 E 有协同作用,可防止过氧化物酶伤害细胞,维持动物的生殖能力。家兔一旦缺硒就会发生因细胞膜遭受损害而出现血管的渗出性素质,使血液成分从皮下、肌肉的血管内渗出,大量蓄积于胸、腹部皮下,从而造成兔水肿病。

由此可见,本病的发生在于家兔日粮中缺硒,而植物性饲料中硒的含量受土壤中硒含量的影响很大。酸性土壤缺少硒这种微量元素,所以当用其上生长的植物作为兔的青、干饲料来源时,就易于发生本病。我国 72% 的地区处于缺硒、低硒带,它位于北纬

21°～53°和东经 97°～135°之间，呈一条从东北到西南走向的狭长地带。在这一区域内有三个大缺硒区，即东北（黑龙江、吉林）、华北（内蒙古、山西、陕北）经太行山、大别山至青海、甘肃、湖北、四川、重庆、贵州和云南以及黄海、渤海等沿海地区。其中尤以黑龙江的克山县（人的缺硒症——克山病所在地）和四川凉山州缺硒较为严重。而这些省、市中的高硒地区仅见于陕西紫阳县和湖北恩施地区。因此，在这一缺硒、低硒区域的养兔生产中应密切关注本病的发生。我国在兔的微量元素添加剂中一般仅考虑增补铁、铜、锰、锌四大元素，而不予考虑补硒。这是因为一般说来兔饲料中的硒含量已能满足兔体需要，况且在正常饲料条件下，硒的吸收率比其他许多微量元素要高。但在上述的土壤中缺硒、低硒地区，则应当考虑在家兔的饲料中适当补硒。此外，增加日粮的蛋白质水平可加剧缺硒症状动物的危害程度。这是因为随着兔日粮中蛋白质水平的提高，兔生长加快，增重明显，但家兔单位增重从饲料中摄入的总硒量随蛋白质水平的提高而相应地减少，这就是为什么在缺硒地区养兔生产中发生的饲养条件好、生长快的兔更易发生本病的原因。

兔水肿病的预防十分简单，根据缺什么补什么的原则，目前最简便易行的就是每千克的兔日粮中添加 0.1 毫克的亚硒酸钠。必须提醒的是，当亚硒酸钠用量大于 5 毫克/千克饲料时，会发生家兔中毒，故应注意用量的精准和调剂的均匀度。治疗时为迅速提高机体组织的含硒量，以采用静脉或肌内注射硒制剂效果较好。具体方法为，0.01％亚硒酸钠溶液，皮下或肌内注射，0.3～0.5 毫升/只。也可在水中添加亚硒酸钠供兔饮用。须注意的是，由于亚硒酸钠虽易溶于水，但其水溶液不稳定，配制 1 次，以饮用 3～5 天为限。有条件的地区可选用有机硒、酵母硒、蛋氨酸硒等防治。日粮中增加维生素 E 对本病也有改善。

141. 什么是兔妊娠毒血症,如何防控?

本病是家兔妊娠末期营养负平衡所致的一种代谢性疾病,其临床特征是神经功能受损,共济失调,虚弱或失明。多发生于母兔产前 4～5 天或分娩过程中。

(1)发病原因 该病病因仍不十分清楚,但妊娠末期营养不足,特别是碳水化合物缺乏易发本病,尤其是怀胎多且饲养不良的母兔多见。另外,可能与内分泌功能失调、肥胖和子宫肿瘤有关。

(2)临床症状 初期精神极度不安,常在兔笼内无意识的漫游,甚至用头顶撞笼壁,安静时缩作一团,精神沉郁,食欲减退,全身肌肉间歇性震颤,有时呈强直性痉挛。严重病例出现共济失调,惊厥,昏迷,最后死亡。

(3)病理变化 剖检可见心脏增大,心外膜、室间隔及心内膜下有许多灰黄色条纹。肝脏和肾脏均肿大、柔软,色微黄。组织学变化以脂肪肝和脂肪肾为主。

(4)防控措施 合理搭配饲料,妊娠初期,适当控制母兔营养,以防过肥。妊娠末期,必须饲喂营养充足的优质饲料,特别是富含碳水化合物的饲料,以保证母体和胎儿的需求,并避免不良刺激。

治疗原则是保肝解毒,维护心、肾功能,提高血糖,降低血脂浓度。具体方法如下:①甘油或丙二醇口服,每次 4～6 毫升,1 日 2 次,连用 5 天。②25%～50%葡萄糖注射液 20 毫升、维生素 C 注射液 2.0 毫升,静脉注射,每日 1 次,连用 5 天。③肌醇注射液 2 毫升,肌内注射,每日 1 次,连用 5 天。④维生素 B_1 注射液、维生素 B_2 注射液、维生素 B_6 注射液各 2.0 毫升,肌内注射,每日 1 次,连用 5 天。

142. 如何防控兔的脱毛症?

家兔脱毛症的脱毛部位呈现出似刚剪毛的特征。大兔多见,德系、法系安哥拉兔及杂交后代多见。

(1)发病原因 饲草饲料营养缺乏,特别是蛋白质、维生素供应不足,降低了对病原的抵抗能力。真菌感染也是导致家兔脱毛的重要原因。在夏季高温影响食欲,营养缺乏也是原因之一。

(2)临床症状 主要表现为局限性脱毛,脱毛部位主要在大腿两侧、额部、背部。有的留有毛根但不长新毛,即使长出也呈现出折断的情况。严重者整个背部几乎无毛,病部皮肤呈现浅红色,毛质易断。病兔其他方面基本没有太大异常。

(3)防控措施 加强饲养管理,要多喂富含硫氨基酸和维生素A的饲草饲料,如禾本科(羊草、披碱草、蒙古水草、老芒麦、无芒雀麦)、豆科牧草(紫花苜蓿、红花三叶草、白花三叶草、红豆草)。多喂青绿饲草,保证满足家兔对营养的需求。夏季注意降温和提供充足的饮水。

如是真菌性病因,应使用抗真菌的药物进行治疗。克霉唑软膏,外用涂擦。酮康唑片,10毫克/千克体重,内服,每天2次,连用5天。

也可拔除兔身上的兔毛,促其长出新毛。或在患部涂煤油,令毛根脱落并重长新毛。

143. 什么是仔兔低血糖症,如何防控?

本病是仔兔出生后血糖急剧下降的一种代谢性疾病。也叫新生仔兔不吃奶症,多发于妊娠期,尤其是妊娠后期营养不平衡的母兔所产2~3日龄仔兔,往往在一窝内,部分或全部发病。

(1)**发病原因**　该病常见于母兔乳汁少、质量差,仔兔断奶过早未及时补饲,或断奶后饲草饲料质量差,或母兔产仔过多,体内糖大量消耗导致血糖下降,或蛋白质过多、糖供应不足。

(2)**临床症状及病理变化**　仔兔突然不吮乳,皮肤凉而发暗,全身绵软无力,有的迅速死亡,有的出现阵发性抽搐,最后于昏迷状态下死亡。病程2～3小时,如不及时治疗,死亡率100%。尸体剖检无异常病变反应,血液、肝脏及脾脏涂片镜检无致病菌。

(3)**防控措施**　本病一经发现死亡率极高,应注重预防。母兔妊娠期,尤其是妊娠后期,每天除喂3次青绿饲料外,补充玉米、大麦等富含碳水化合物的精饲料和适量的食盐和骨粉,天气好时放出晒太阳和运动。产后供给母兔8%的食糖溶液,任其自由饮水,可有效防止该病的发生。

早期发现立即注射25%～50%葡萄糖注射液10～30毫升,或内服,2～3小时1次。也可以用10%葡萄糖注射液腹腔注射,每2～3小时1次。注意药液温度不能太低,与体温不能相差太大。也可以灌服红糖水或蔗糖(白糖)水。

第六章 兔中毒性疾病

144. 兔常见中毒病的发病特点有哪些?

(1)有机磷农药中毒 农民经常使用敌敌畏、乐果、马拉硫磷等有机磷农药喷洒农作物、果树、蔬菜等植物,以防病虫害。采摘受这些农药污染的农作物、果树的叶、蔬菜和野草喂兔,就会造成兔中毒甚至死亡。中毒特征:流涎,口吐白沫,腹痛,肌肉震颤,抽搐,呼吸困难,瞳孔缩小,体温多数下降,昏迷等。剖检:胃肠黏膜充血、出血,内容物有蒜臭味,肺水肿。

(2)亚硝酸盐中毒 青绿多汁蔬菜或鲜饲料如白菜、牛皮菜、萝卜叶、玉米苗等青饲料中都含有较多的硝酸盐,这些青饲料如果在潮湿闷热的环境中长时间堆放后,青饲料中的硝酸盐即可转化为亚硝酸盐。家兔大量采食这样的青饲料就会引起中毒。中毒兔表现流涎,呕吐,腹痛,腹泻,呼吸困难,行走不稳,耳郭呈乌青色,体温多数下降。剖检:血液呈黑红色或咖啡色并凝固不良,胃肠黏膜充血、肿胀。

(3)食盐中毒 当兔饲料中添加的食盐量偏高,或者食盐颗粒偏大、混合不均匀,以及在饲喂配合饲料时自主添加鱼粉等高盐物质且饮水不足等,都可能会导致兔发生食盐中毒。中毒兔表现为大量饮水,流涎,颤抖,痉挛,粪便带血,最后呈昏迷状。剖检:胃肠黏膜出血性炎症,肝脏、脾脏、肾脏肿大。

(4)草酸及草酸盐中毒 一些青饲料如苋菜、菠菜、甜菜等中的草酸及草酸盐的含量较高。在兔消化道内,草酸及草酸盐能与钙结合成不溶于水的草酸钙,从而阻碍兔体内钙的正常吸收,使血钙水平迅速下降,出现乏力、身软、肌肉痉挛等症状。剖检:口腔及消化道糜烂、胃出血、血尿。

(5)有毒植物中毒 用某些有毒植物饲喂家兔,或混在饲草里被家兔误食后往往会引起消化系统疾病或中毒死亡。常见能引起家兔中毒的有毒植物有:牵牛花、灰菜、断肠草、毒芹、夹竹桃、羊蹄、天南星、颠茄、曼陀罗花、土豆秧、藜芦、狗舌草、马铃薯芽等。中毒症状为呕吐,流涎,腹疼,腹泻,知觉消失,麻痹昏睡,呼吸困难等,严重者可因心力衰竭而死亡。

(6)氰及氰化物中毒 许多植物,如红三叶草、木薯、枇杷的叶和种子、新鲜高粱、玉米幼苗等都含有氰以及氰化物。兔采食含氰及氰化物的新鲜植物过多可引起中毒。中毒症状为口腔黏膜呈鲜红色,口吐白沫,呼出的气体带有杏仁味,麻痹,衰弱,呼吸停止等。

(7)棉酚中毒 常见的是棉籽饼中毒。因为棉籽饼含有游离棉酚等有毒成分,兔过量食用后会导致体组织损害并使其繁殖功能降低。

(8)霉菌毒素中毒 饲料霉变时往往会产生霉菌毒素。如一些富含蛋白质的饲料在发生霉变时,会产生黄曲霉素等毒素,兔食用这样的霉变饲料可引起中毒反应,表现为呕吐,腹泻,气喘,抽搐,食欲和饮欲废绝,脱水和昏睡,继而发展为肝脏受损和黄疸,某些谷物饲料霉败后可产生曲霉素、柠檬色霉素等毒素,这些毒素会造成肾脏和肝脏损害,繁殖功能降低,甚至死亡。

(9)营养素和药物添加剂类物质中毒 常因养兔户滥用一些药物引起中毒,如喹乙醇、磺胺类、氯苯胍、土霉素以及氨基酸、维生素、微量元素等中毒,多因计量不准大剂量添加、混合不均匀而引起。兔常见的症状为消化障碍、腹泻或便秘、脱毛、皮屑增多等,严重时可引起急性中毒死亡。

145. 什么是霉败饲料中毒,如何防控?

本病是家兔采食了霉败饲料中的毒素而引起的一种急性或慢性中毒性疾病。

(1)发病原因 主要是由于饲料收获季节高温潮湿、贮存不当被霉菌污染而发生霉变,产生毒素。常见的霉菌有黄曲霉、赤曲霉、白霉菌等 30 多种,所产毒素不易被破坏,具有耐热性。这些毒素毒性强,可引起家兔毒素中毒。

(2)临床症状 一般临床上分为急性中毒和慢性中毒两种。

①急性中毒 精神沉郁,食欲废绝,消化紊乱,先便秘后腹泻。粪便中带有黏液或血液,有些病例发生盲肠便秘,腹部可触摸到粗大硬的盲肠。黏膜苍白,流涎,尿呈赤黄色,妊娠母兔发生流产,严重者出现神经症状,抽搐,过度兴奋,最后衰弱死亡。

②慢性中毒 精神沉郁,食欲下降,逐渐消瘦,黏膜发黄,被毛粗乱,无光泽,粪便干燥。病变肝脏质硬,淡黄色。

(3)防控措施 目前尚无特效的解毒方法。中毒后立即停用霉变的饲草饲料,供应优质、易消化、新鲜的饲草饲料,日常饲喂过程中,饲料中可添加一些霉菌吸附剂或脱霉剂。一般轻症病例可逐渐恢复。严重病例可内服盐类泻剂,硫酸钠 2~3 克/只内服,加水稀释成 6%~8%的浓度;静脉注射 25%葡萄糖注射液 50~100毫升/只、10%维生素 C 注射液 2 毫升/只;在发生霉变的饲料中添加毒素吸附剂,如沸石、蒙脱石、活性炭等,每吨饲料添加 5~8千克。

146. 什么是兔棉籽饼中毒,如何防控?

本病是由于家兔食入了过多的棉籽饼,引起的以胃肠出血为特征的一种中毒性疾病。

(1)发病原因 棉籽饼蛋白质含量丰富,含硫多,常用于催肥和营养毛皮,是家兔良好的蛋白质饲料之一,常作日粮的辅助成分饲喂家兔。但棉籽饼中含维生素 A 和钙少,且棉籽饼中含有一定量的有毒物质棉籽油酚,其在体内不易破坏,而且排泄缓慢,若长期过量喂给家兔,棉酚蓄积到一定程度即可引起中毒。

(2)临床症状 病初精神沉郁,食欲减退,有轻度的震颤。继而出现明显的胃肠功能紊乱,病兔食欲废绝,先便秘后腹泻,粪便中常混有黏液或血液,尿液呈红色,尿量下降,体温正常或略升高,脉搏疾速,呼吸促迫,结膜苍白或黄染。

(3)病理变化 胃肠道呈出血性炎症,胃黏膜严重脱落。肝脏花斑状肿大。肺脏有出血点。肾脏肿大,皮质有点状出血。膀胱积尿。

(4)防控措施 平时饲喂棉籽饼应限量(在配合饲料中不能超过 3%)。可采取下述方法使棉籽饼减毒或无毒:按重量比向棉籽饼内加入 10%大麦粉或面粉后,加水煮沸 1 小时,可使游离棉酚变为结合状态而失去毒性。将棉籽饼煮沸,并保持 80℃~85℃经 6~8 小时,可使 80%棉酚破坏。在含有棉籽饼的日粮中,加入适量的碳酸钙或硫酸亚铁,提高维生素 A 含量,可在胃内减毒。

发现中毒立即停喂棉籽饼。急性者内服盐类泻剂清肠。可用特效解毒药:1%美蓝溶液 3~5 毫升或 5%硫代硫酸钠溶液 1~2 毫升/千克体重静脉注射;之后根据病情对症处置,如补液、强心以维护全身功能。尚有食欲者,口服硫酸钠 2~6 克,鞣酸蛋白 0.3~0.5 克,饮用多种电解质或口服补液盐溶液。

147. 什么是菜子饼中毒,如何防控?

(1)发病原因 菜子饼是油菜子榨油后剩余的产品,是富含蛋白质等营养的饲料。在菜子饼中含有芥子苷、芥酸等成分。硫苷在芥酸的作用下,可水解形成噁唑烷硫酮、异硫氰酸盐等毒性很强的物质,这些物质对胃肠黏膜具有较强的刺激和损害作用;若长期饲喂不经去毒处理的菜子饼,即可引起中毒。可使甲状腺肿大、新陈代谢紊乱、血斑,并影响肝脏等器官的功能。

(2)临床症状 发病兔呼吸加快,可视黏膜发绀,有轻微的腹痛表现,继而出现腹泻,粪便中带血,严重的口流白沫,瞳孔散大,末梢发凉,全身无力,站立不稳,妊娠母兔可能发生流产。病兔常因虚脱而死亡。

(3)病理变化 胃肠黏膜充血、有点状或小片状出血。肝、肾等实质脏器肿胀、质地变脆。肺气肿、水肿。甲状腺肿大。

(4)防控措施 饲喂前,对菜子饼要进行去毒处理。最简便的方法是浸泡煮沸法,即将菜子饼粉碎后用热水浸泡 12～24 小时,弃掉浸泡液再加水煮沸 1～2 小时,使毒素蒸发掉后再饲喂家兔。平时要间断限量饲喂。

本病无特效解毒药。发现中毒后,立即停喂菜子饼,灌服 0.1％高锰酸钾液。也可试用茵陈 30 克,茯苓 15 克,泽泻 15 克,当归 10 克,白芍 10 克,甘草 10 克,煎汁,分 2 次灌服。根据病兔的表现,可实施对症治疗,应着重于保肝,维护心、肾功能,配伍维生素 C、维生素 A、维生素 D 进行治疗。

148. 什么是兔食盐中毒,如何防控?

家兔正常情况下不会发生食盐中毒,但在某些情况下由于摄入过多的食盐或食入不多但饮水缺乏可引起食盐中毒,发生消化紊乱和神经症状为特征的中毒病。

(1)发病原因 饲料配合中计算错误或生产操作中投料错误,造成添加量过大;市售一些原料如鱼粉等含盐,饲料中再添加食盐而导致过量；食盐颗粒过大或搅拌不均匀等。

(2)临床症状 病初，食欲不振，呼吸加快，精神沉郁，结膜潮红，口渴，腹泻，后期出现神经症状，兴奋不安，做转圈运动，头部震颤，痉挛，角弓反张，口吐白沫，呼吸困难，四肢痉挛，卧地不起而死。

(3)病理变化 胃黏膜有弥漫性、针头大出血点或出血斑。特别是在胃底部和贲门部严重出血或糜烂。

(4)防控措施 发现食盐食入过多时，立即供应充足的饮水，可内服油类泻剂10毫升，如液状石蜡5～10毫升进行排泄；已发生胃肠炎时，用鞣酸蛋白保护胃肠黏膜。同时，采取对症治疗，如镇静、补液、强心利尿等措施。注意不要使用硫酸钠（镁）等盐类泻剂进行下泄。

149. 什么是兔氢氰酸中毒，如何防控？

本病是家兔采食富含氰苷的植物引起的以黏膜鲜红色和呼吸困难为特征的中毒性疾病。

富含氰苷的植物有高粱、玉米的幼苗，木薯，红三叶，亚麻籽和豆科植物的嫩苗等。

(1)临床症状及病理变化 病兔兴奋不安，流涎，腹痛，呼吸困难，心跳加快，特点是可视黏膜鲜红色，抽搐，最后窒息死亡。剖检特点为血液鲜红色，凝固不良，肺、气管、支气管内充满大量泡沫样液体，胃内容物散发出苦杏仁味。

(2)防控措施 注意不饲喂含有氰苷的青绿饲草饲料。禁止饲喂玉米、高粱的幼苗，尤其是二茬苗。亚麻饼及桃、李、杏叶也禁喂。

亚硝酸钠和硫代硫酸钠是治疗氢氰酸中毒的物效解毒药。1%亚硝酸钠注射液按1毫升/千克体重，5%硫代硫酸钠注射液

3～5 毫升/千克体重,静脉注射;亚甲蓝注射液 5～10 毫克/千克体重,肌内注射;同时静脉注射 50% 葡萄糖注射液 50～100 毫升。

150. 什么是兔亚硝酸盐中毒,如何防控?

本病是兔食用富含硝酸盐的青饲料,由于调制、贮存不当或饲喂量过大,产生大量的亚硝酸盐引起兔的以组织缺氧为特征的疾病。临床表现为黏膜发绀、呼吸困难、神经紊乱。

(1)发病原因 富含硝酸盐的青饲料主要有白菜、甘蓝(卷心菜)、萝卜叶、菠菜叶、葛苣叶、马铃薯茎叶、甘薯(地瓜)茎叶、甜菜茎叶、玉米幼苗等青绿饲料,它们的幼苗时期含硝酸盐较多。这类青绿饲料贮存、调制的过程中堆放发热、腐败变质、夏季闷热季节存放不当,导致植物组织被破坏,自然界中的硝酸盐还原菌将硝酸盐还原为亚硝酸盐。被兔食用进入机体后,除能引起胃肠黏膜的炎症外,主要是吸收入血后,迅速将血红蛋白中的二价铁氧化成三价铁,形成高铁血红蛋白,从而失去了正常的携氧功能,造成全身组织的缺氧。

(2)临床症状 兔采食变质的青绿饲料后在短时间内发病,表现精神沉郁,食欲废绝,呼吸困难,心跳加快,可视黏膜发绀,流涎,口、鼻青紫,血液呈酱紫色,眼球突出,行走不稳,腹部膨胀,病重者全身痉挛,挣扎,最后窒息死亡。

(3)防控措施 青绿饲料要保持新鲜,不能饲喂堆放过久自然生热的饲料以及腐败变质的饲料。

亚甲蓝是治疗亚硝酸盐中毒的特效药,静脉注射,1～2 毫克/千克体重,也可分点肌内注射,同时肌内注射维生素 C 注射液,2毫升,10% 葡萄糖注射液 50～100 毫升。注意亚甲蓝不可大剂量应用,5～10 毫克/千克体重则起到氧化剂的作用,可使病情加重。

151. 什么是兔霉烂甘薯中毒，如何防控？

本病是家兔采食大量黑斑病甘薯而引起的一种以呼吸困难和神经症状为特征的中毒性疾病，多发生于每年的甘薯育苗季节。甘薯黑斑病是甘薯生产上的一种重要病害，发生普遍，我国各甘薯生产区均有发生。

(1)发病原因　主要是家兔采食大量的霉烂甘薯引起。甘薯黑斑病是由爪哇镰刀菌和茄病镰刀菌的感染所致。而霉烂的甘薯能产生甘薯毒素，其毒素包括甘薯酮、甘薯醇等。这些毒素具有耐高温性，即使通过蒸煮、火烤等处理也不易被破坏，因此不论是喂生的，或加热变熟的霉烂甘薯；或者是由霉烂甘薯加工的副产品如粉渣、酒糟等喂兔，都会发生中毒。其可对胃肠道和其他器官产生刺激作用，同时作用于延脑的呼吸中枢，抑制迷走神经的兴奋性，使肺泡弛缓，呼吸减弱，临床上表现出严重的呼吸困难。

(2)临床症状　通常在采食后12～24小时发病，病初精神沉郁，食欲废绝，口吐白沫，呕吐，肌肉震颤，呼吸困难，步态不稳，眼球突出，结膜发绀，出现阵发性痉挛，有时腹泻，腹胀，严重者四肢无力，体温下降，瞳孔散大，最后心肺功能衰竭死亡。

(3)防控措施　目前尚无特效解毒药，一般采取氧化毒素和对症治疗。首先停用霉变的甘薯，内服0.1%高锰酸钾溶液或1%过氧化氢溶液50～100毫升；静脉注射10%硫代硫酸钠注射液20毫升；50%葡萄糖注射液50～100毫升和10%维生素C注射液2毫升；其他可以进行洗胃、灌服盐类泻剂等。

152. 如何防控兔有毒植物中毒？

本病是指家兔误食了有毒植物而发生的中毒。对家兔而言能使家兔中毒的有毒植物很多,以含生物碱者居多,其次是含苷类或毒蛋白。家兔中毒后症状由于不同的有毒植物引起,症状千差万别。

(1)发病原因 能引起家兔中毒的植物种类繁多,一般情况下家兔有避食有毒植物的本能。但在十分饥饿或混入饲草饲料中难以挑出而食入时,可发生中毒。常见的有毒植物有马铃薯芽、曼陀罗、狼毒、毒芹、三叶草、毛茛、阔叶乳草、聚合草、羊茅草、甘蓝、芥菜、洋地黄、刺槐叶、银合欢叶、胡枝子、紫云英、棘豆草、醉马草、营草根、白苏、夹竹桃、猪屎豆等。

(2)临床症状 由于引起中毒的植物不同,症状有很大的差异,但也有一些共同症状。例如腹痛,腹泻,呕吐,流涎,知觉消失,麻痹昏睡,呼吸困难,食欲废绝,体温不高,有明显的神经症状,心跳加快等。

(3)防控措施 家兔有毒植物中毒一般没有特效解毒药,主要应用非特异性的解毒措施,解毒效果较特异性解毒药效果低,主要是在毒物在产生作用前,通过破坏毒物、促进毒物排出、稀释毒物浓度、保护胃肠道黏膜、阻止毒物吸收等方式,保护机体免遭毒物进一步损害,尽量减少毒物造成的危害。采取的措施有使用吸附剂、催吐剂、泻药、利尿剂、氧化剂、还原剂、中和剂、沉淀剂,以及毒物的拮抗剂,中毒症状的对症治疗可参考以下原则。

第一,怀疑有毒植物中毒时,立即停喂可疑饲草饲料。

第二,对发病家兔,可用硫酸铜、吐根末、吐酒石等催吐。

第三,灌服泻下药,一般用盐类泻药,清除毒物,减少毒物的吸收。注意不能用油类泻下药,否则会促进毒物的吸收;如是能抑制神经中枢或呼吸中枢的有毒植物中毒,不能用硫酸镁作泻下剂,防止加深神经抑制,应使用硫酸钠作泻下剂;严重脱水或腹泻的情况下不能使用泻下剂。

第四,使用吸附剂。可将毒物吸附于其表面或孔隙中,以减少或延缓毒物的吸收,吸附剂不受剂量的限制,任何经口进入体内的毒物都可以使用。通用的吸附剂有药用炭、木炭末、蒙脱石、沸石等。

第五,使用利尿剂。大部分毒物主要经肾脏排泄,因此使用利尿剂可促进毒物的排出。可以使用速尿、50％葡萄糖注射液、甘露醇注射液等。

第六,使用化学性解毒剂。①植物毒素大部分是生物碱,使用氧化剂可起到解毒作用,如1‰高锰酸钾溶液、过氧化氢溶液等。②还原剂主要是维生素C,可以保护体内一些酶的巯基不被破坏、参与体内的某些代谢过程、增强肝脏的解毒能力和改善心血管的功能,起抗毒素作用。③利用酸碱的中和作用,可以中和植物中的某些弱有机碱或有机酸,使其失去毒性。常用的有食醋、稀盐酸、氧化镁、氧化钙、碳酸氢钠等。④使用沉淀剂沉淀毒物,以减少其毒性和延缓其吸收而产生解毒作用,沉淀剂主要有糅酸、浓茶、蛋清、牛奶和稀碘酊等。

第七,使用药理性解毒剂。一般是特异性解毒药,如兴奋植物性神经的植物毒素,可用抗胆碱药,抑制植物性神经的植物毒素可用拟胆碱药如毛果芸香碱、新斯的明等。兴奋中枢的植物毒素可用中枢抑制药如巴比妥类中枢抑制药。抑制中枢的植物毒素可用尼克刹米、安钠咖等中枢兴奋药。

第八,对症治疗。根据中毒后的临床症状及时采取对症治疗。

153. 什么是有机磷农药中毒,如何防控?

本病是家兔因误食被有机磷农药污染的饲草、饲料等引起中毒的一种疾病。有机磷农药曾经是最广泛应用的一种杀虫剂,品种有数十种之多,常见的有:甲拌磷、内吸磷、对硫磷、谷硫磷(保棉磷)、甲基对硫磷、甲胺磷、敌敌畏、乐果、稻瘟净(EBP)、敌百虫、增效磷、马拉硫磷等，目前不少高毒品种已被禁用。家兔主要是食用了被其污染的饲草饲料而中毒。

(1)发病原因 常见于饲喂被有机磷防治植物虫害而污染的青草、蔬菜、饲料、饮水，或驱除家兔体外寄生虫时用药不当而发生中毒。有机磷农药可经消化道、呼吸道及皮肤进入体内，与体内的胆碱酯酶结合，抑制了胆碱酯酶的活性，从而导致乙酰胆碱在体内大量积聚，出现与胆碱能神经功能亢进相类似的一系列症状。

(2)临床症状 以神经症状为主要症状。表现为中枢神经系统的兴奋。轻度中毒时，表现为精神沉郁，食欲减退，流涎，腹泻。中度中毒时，上述症状加重，食欲废绝，流涎，腹痛，腹泻，瞳孔缩小，肌肉震颤，呼吸困难，体温升高；严重时全身肌肉痉挛，大小便失禁，瞳孔极度缩小，心跳加快，眼结膜发绀，全身麻痹，窒息死亡。

(3)防控措施 主要是加强饲草饲料的管理，充分了解饲草饲料的生产情况、有无喷洒农药以及农药的种类、喷洒时间等，应用有机磷农药驱虫时要严格计算剂量，用药量准确，使用方法正确，做好农药保管工作。

发现中毒时首先除去和停用有毒的饲草饲料。治疗以特效解毒药为主，辅以对症治疗。硫酸阿托品，肌内注射，1毫克/千克体重，缓解中毒症状。然后静脉注射解磷定，15~30毫克/千克体重，使胆碱酯酶复活。对中毒严重的进行全身对症治疗，强心、补液等。对经口进入体内的可用碳酸氢钠溶液反复洗胃。对外用中毒者，应立即用清洁水清洗皮肤，防止继续吸收毒物。敌百虫中毒切不可用碱性溶液洗胃或洗涤皮肤，以防增强毒性。

154. 什么是有机氯农药中毒，如何防控？

本病是家兔因误食被有机氯农药污染的饲草、饲料等引起中毒的一种疾病。有机氯农药也是农业生产上常用的杀虫剂，家兔接触或食入有机氯农药污染的饲草饲料、饮水而中毒。有机氯农药有两大类：一类是氯苯类，包括六六六、滴滴涕等，这类农药现在很少用或禁用；另一类是氯化脂环类，包括狄氏剂、毒杀芬、氯丹七氯等。

(1)发病原因　家兔误食有机氯农药污染的青草、蔬菜和谷物而发生中毒，主要经消化道吸收中毒，或由于用此类农药驱除体外寄生虫、环境灭虫经皮肤或呼吸道吸收而引起中毒。此类毒物为神经、实质器官毒物，可造成家兔实质器官的严重损害，可产生长期的蓄积中毒，可引起兔的死亡。

(2)临床症状　主要是由于损害神经、肝、肾和胃肠道引起，表现为中枢神经系统的强烈兴奋。轻度中毒时，食欲减少，呕吐，腹痛，腹泻，起卧不宁，步态不稳。重度中毒时，过度兴奋，惊恐不安，向前直冲，全身痉挛，颈部强直，大声鸣叫，口吐白沫，呼吸困难，很快死亡。

(3)防控措施　有机氯农药是国家禁止作为畜禽外用驱虫药，因其长期的残留和动物体内的蓄积，给环境造成严重的污染和对食品安全造成威胁。六六六、林丹等已不再作为农药使用。

目前对有机氯农药中毒尚无特效解毒剂。发生中毒后立即停用被有机氯农药污染的饲草饲料。治疗的原则是消除体内残余的有机氯农药，保护肝脏、神经和其他实质器官，对症治疗并发症。一是灌服泻盐，及碳酸氢钠，忌用油类泻剂。皮肤污染者用肥皂水洗刷干净。二是注射 50%葡萄糖注射液、维生素 C 注射液，以增强肝脏的解毒功能。三是对症治疗，可注射阿托品注射液解除腹痛、呼吸困难等症状，肌内注射苯妥英钠、苯巴比妥钠缓解兴奋。

155. 什么是氨基甲酸酯类农药中毒，如何防控？

本病是家兔因误食被氨基甲酸酯类农药污染的饲草、饲料等引起中毒的一种疾病。最近几年来，氨基甲酸酯类农药（杀虫剂、杀菌剂、除草剂）在农业生产上应用越来越广，而且氨基甲酸酯类农药一般还是长效农药，其在饲草饲料上的残效期较长，时有发生家兔中毒的情况。本类农药主要有西维因、速灭威、呋喃丹、氧化萎锈、萎锈灵、残杀威等十几种。

(1) 中毒机理 本类农药可经消化道、呼吸道、皮肤黏膜被吸收入体内，产生拟胆碱类药物的作用，抑制胆碱酯酶的活性，造成大量的乙酰胆碱在体内的蓄积，产生胆碱能神经兴奋的中毒症状。氨基甲酸酯还可阻断乙酰辅酶 A 的作用，使糖原的氧化过程受阻导致肝、肾和神经的病变。呋喃丹还可在体内产生氰化氢，离解出氰离子，产生氰化物中毒的症状。

(2) 临床症状 食欲废绝，精神沉郁，呕吐，腹痛，瞳孔缩小，流泪，流涎，震颤，还可出现肺水肿的症状和神经症状。

(3) 防控措施 不饲喂被氨基甲酸酯类农药污染了的饲草饲料、饮水，妥当保管好氨基甲酸酯类农药，防止家兔的接触和误食。

解救可使用阿托品肌内注射，并配合输液、兴奋呼吸中枢、消除肺水肿等对症疗法。呋喃丹中毒时，应配合使用亚硝酸钠、硫代硫酸钠进行解毒。注意本类农药中毒一般禁止使用肟类胆碱酯酶复活剂如解磷定、碘解磷定。

156. 什么是拟除虫菊酯类农药中毒，如何防控？

本病是家兔因误食被拟除虫菊酯类农药污染的饲草、饲料等引起中毒的一种疾病。拟除虫菊酯类农药是农业生产上目前应用比较广泛的一种高效、低毒农药，家兔误食较高浓度的拟除虫菊酯类农药才会发生中毒，因此较为少发。常见的拟除虫菊酯类农药主要有溴氰菊酯、氰戊菊酯、胺菊酯等。

(1)临床症状　出现呕吐，呼吸困难，急促，心跳加快，反应兴奋或迟缓，严重者可能有惊厥现象。皮肤黏膜接触可出现流泪，流涎，局部红疹，可能出现肌肉震颤。

(2)防控措施　在使用此类农药过程中，如溅到兔体表及黏膜上立即用清水冲洗干净，并用肥皂液冲洗，如溅入眼中用大量清水冲洗；如误服可使用催吐药。出现神经症状者，可肌内注射巴比妥注射液，5～10毫克/只；呼吸困难的，注射尼克刹米注射液，0.1克/次。禁用肾上腺素。

157. 如何防控兔灭鼠药中毒？

本病是家兔误食灭鼠药污染的饲料而引起的一种急性中毒性疾病。目前灭鼠药种类很多，按其性质分为有机氟灭鼠剂（氟乙酰胺、甘氟等）、无机磷灭鼠剂（磷化锌）、抗凝血灭鼠剂（敌鼠钠、华法令）、有机磷灭鼠剂（毒鼠磷）及其他灭鼠剂（安妥、溴甲烷）等（有的虽已禁用，考虑到临床实际，仍将其列出）。

(1)各类灭鼠剂中毒的症状特点

①磷化锌　潜伏期短，1小时内发病，表现食欲废绝，腹痛，腹泻，呕吐，粪便带血，心跳加快，呼吸困难，共济失调，抽搐死亡。

②安妥　表现食欲废绝，呼吸困难，共济失调，衰弱或昏迷，急性死亡。

③敌鼠、杀鼠酮、华法令　本类鼠药均为维生素 K 的拮抗剂，使各种凝血因子不能转化为凝血蛋白，从而影响凝血过程，导致出血倾向，表现为脑、消化道、呼吸道、胸腔出血，可引起死亡。

④氟乙酰胺、甘氟　氟进入体内后可从血液中夺取钙、镁离子，使血钙、血镁降低，出现低血钙、低血镁的症状。表现食欲不振，流涎，呕吐，腹痛，胃肠炎，腹泻，呼吸困难，肌肉震颤，强直痉挛，虚脱而死。

(2)防控措施　妥当保管灭鼠药，防止污染饲草饲料、饮水，防止误服灭鼠药，严禁用拌鼠药的容器盛放饲料，发现中毒立即除去毒物，迅速进行治疗。

①无机磷、有机磷中毒　可用 0.1%～0.5% 硫酸铜溶液灌服解毒，同时肌内注射阿托品注射液，0.1 毫克/次，或静脉注射解磷定注射液，15～30 毫克/千克体重。

②安妥中毒　用 0.1% 高锰酸钾溶液洗胃或内服，并静脉注射 10% 硫代硫酸钠注射液 10 毫升/只。也可静脉注射 50% 葡萄糖注射液，以缓解肺水肿。

③灭鼠灵、敌鼠、华法令中毒　将维生素 K 溶于 5% 葡萄糖注射液中，静脉注射，同时注射维生素 C 注射液。

④有机氟中毒　肌内注射催吐剂，促其吐出毒物，灌服 0.5% 氯化钙或乳酸钙溶液，与氟结合成难溶的氟化钙，减少毒物吸收。肌内注射葡萄糖酸钙。同时配合维生素 A、维生素 B_1、维生素 B_2、维生素 C 进行治疗。特效解毒药为乙酰胺，发生中毒后立即注射，100 毫克/千克体重，至震颤消失为止。

第七章　兔普通病

158. 如何防控兔眼结膜炎??

本病是眼睑结膜、眼球结膜的炎症,在临床上十分常见。

(1)发病原因　①机械因素,如灰尘、沙土和草屑等异物进入眼中,眼睑外伤,寄生虫的寄生等。②理化因素,如兔舍密闭,饲养密度大,粪尿不及时清除,通风不好,致使舍内空气污浊,氨气等有害气体刺激兔眼,化学消毒剂、强光的直射及高温的刺激等。③日粮中缺乏维生素 A、感染巴氏杆菌等,也是诱发本病的原因。

(2)临床症状　可分为 2 种类型。即黏液性结膜炎和化脓性结膜炎。

黏液性结膜炎为病初结膜轻度潮红、肿胀,流出少量浆液性眼泪,眼睑闭合,下眼睑及两颊绒毛湿润或脱落,有痒感。如不及时治疗,会发展成为化脓性结膜炎。化脓性结膜炎一般为细菌感染所致。眼睑结膜严重充血、肿胀,在眼中流出或在结膜囊内积聚多量黄白色脓性眼眵,上下眼睑无法睁开,炎症侵害角膜,会导致角膜混浊、溃疡,造成家兔失明。

(3)防控措施　保持兔舍干燥,卫生清洁,及时清除粪尿,通风良好。用化学药物消毒时,一定要注意消毒剂的浓度及消毒时间,防止有害气体对兔眼的刺激。避免阳光直射。饲料要全价,注意补充含维生素 A 的饲料,如青草、青干草、黄玉米、胡萝卜等。

治疗时建议参考以下验方:

方 1:白糖少许,研细末,吹入眼内,3～4 次即愈。

方 2：废茶叶 100 克，加入饲料内喂兔，3 天可愈。

方 3：12 天开眼后的仔兔患结膜炎时，用淡盐水冲洗，每天 2～3 次，一般 3 天即可治愈。

方 4：白矾 4 克，加开水 1 升，溶解后用滤纸过滤，装瓶备用。治疗前先把病兔的头部固定好，然后用左手的拇指把兔病眼眼睑压翻出结膜，用右手拿浸过明矾液的消毒棉球轻轻擦拭，直到干净为止，每天 2 次。

方 5：蒲公英 32 克，头煎内服，二煎点眼。或将野菊花煎汤，用澄清液凉后洗眼、点眼。或蒲公英菜茎，取汁点眼。或蒲公英、金银花各 10 克，水煎灌服，每天 2～3 次，每次 10 毫升。

方 6：紫花地丁、鸭跖草，用水煎服。或将紫花地丁捣烂取汁，每天点眼 5～6 次。

159. 如何防控感冒？

(1)发病原因　主要是受凉所致，天气骤变，突然降温，早晚温差大；兔舍湿度大，冷风侵袭；运输途中被雨水淋湿；兔舍内氨气和灰尘等有害气体含量超标也可引发此病。

(2)临床症状　病兔精神沉郁，不愿活动，眼呈半闭状，食欲减退或废绝，鼻腔内流出多量水样黏液；打喷嚏，咳嗽，鼻尖发红，呼气时鼻孔内有肥皂状黏液鼓起；继而四肢无力，体温升高至 40℃以上，皮温不整，四肢末端及鼻耳发凉，怕寒、战栗；结膜潮红，有时畏光，流泪。若治疗不及时，鼻黏膜可发展为化脓性炎症，鼻液浓稠，呈黄色，呼吸困难，进而发展为气管炎或肺炎。

(3)防控措施　平时加强饲养管理，供给充足的饲料和饮水，使之保持良好的体况，增强其抵抗能力。兔舍保持干燥，清洁卫生，通风良好。定期清理粪便，减少不良气体刺激，同时又要避免贼风和穿堂风的侵袭。在天气寒冷和气温骤变的季节，要做好防寒保暖工作,夏季也要做好防暑降温工作。运输途中要防止淋雨受寒,同时还应注意在阴雨天气禁止剪毛或药浴。

治疗可用下列药物:复方氨基比林注射液,肌内注射,1～2毫升/次,1日2次,连用1～3日。20%磺胺嘧啶钠注射液,每只每天2毫升,肌内注射,每日2次,连用2～3天。为防止继发感染肺炎,可用抗生素或磺胺类药物,如每只肌内注射青霉素20万～40万单位。也可用中药疗法:一枝花、金银花、紫花地丁各15克,共同切碎,煎水取汁,候温灌服,连服1～2剂。

160. 如何防控中暑?

(1)发病原因及特点　本病也称为热衰竭,多由于长期处于高温环境(33℃或以上)或在运输过程中暴露于热而通风不良的条件下引起。如把家兔圈在闷热的兔舍中,炎热季节时日光直接照射,长途运输中闷热、过度拥挤等。各种年龄的家兔都能发病,仅妊娠母兔最常受害,当产箱内垫草过厚且很少通风时,幼兔也特别易感。家兔对热非常敏感。

(2)临床症状　家兔中暑初期精神不振,食欲下降或拒食,呼吸急促,心跳加快,体温升高;眼结膜充血,可视黏膜潮红;中暑后期体温持续高热40℃以上,呼吸困难,眼球突出,头部摇晃,脑部充血,黏膜发绀,从口和鼻中流出的黏液带血,站立不稳或全身乏力伏卧于笼底,四肢间歇性抖动,最后尖叫、抽搐死亡。也有的兔烦躁不安、兴奋,盲目奔跑后倒地昏迷不醒,痉挛、心力衰竭、窒息死亡。

(3)防控措施　在炎热季节,兔舍要通风凉爽,利用喷水等方法降温。防止家兔拥挤,兔舍、兔笼应宽敞。对运动场和露天养兔场应加设凉棚,避免强烈日光照射家兔。在长途运输中,车辆内温度不宜过高,要保证适当通风,要供足饮水,不能配置过密。

发现家兔中暑后,应立即将病兔移至阴凉通风处,用冷毛巾敷头、敷盖身体进行降温散热,直至体温有所降低。施行耳静脉、尾尖、脚趾等处小针放血,以减轻脑部与肺部的充血。同时,取10%樟脑磺酸钠注射液,进行耳静脉注射,0.5～1毫升/次,以兴奋呼吸中枢与血管运动中枢,或静脉注射20%甘露醇注射液10～20毫升;口服仁丹3～4粒,内服藿香正气水、十滴水2～3滴。轻微中暑的兔,用清凉油或风油精擦鼻端,也可用大蒜捣烂取汁或用生姜汁滴鼻,使其兴奋清醒。严重中暑的兔,可试用2.5%盐酸氯丙嗪注射液(用药量按说明书),以降温镇静。当体温下降,症状缓解时,可进行补液、强心,以维护全身机能。

附　录

附表 1　常见兽药配伍结果

类　别	药　物	配伍药物	结　果
青霉素类	氨苄西林	青霉素、链霉素、多黏菌素、喹诺酮类	疗效增强
	阿莫西林	替米考星、罗红霉素、盐酸多西环素、氟苯尼考	降低疗效
	青霉素 G 钾	维生素 C、多聚磷酸酯、罗红霉素	沉淀分解失效
		氨茶碱、磺胺药	沉淀分解失效
头孢菌素类	头孢拉啶	新霉素、庆大霉素、喹诺酮类、硫酸黏杆菌素	疗效增强
	头孢氨苄	氨茶碱、维生素 C、磺胺药、罗红霉素、盐酸多西环素、氟苯尼考	沉淀分解失效、降低疗效
	先锋霉素 II	强效利尿药	肾毒性增加
氨基糖苷类	硫酸新霉素	氨苄西林、头孢拉啶、头孢氨苄、盐酸多西环素、甲氧苄啶	疗效增强
	庆大霉素	维生素 C	抗菌减弱
	卡那霉素	氟苯尼考	疗效降低
	链霉素	同类药物	疗效增强
大环内酯类	罗红霉素	庆大霉素、新霉素、氟苯尼考	疗效增强
	硫氰酸红霉素	盐酸林可霉素、链霉素	疗效降低
	替米考星	卡那霉素、磺胺类、氨茶碱	毒性增强
		氯化钠、氯化钙	沉淀析出游离碱

续附表1

类 别	药 物	配伍药物	结 果
多黏菌素	硫酸黏杆菌素	盐酸多西环素、氟苯尼考、头孢氨苄	疗效增强
		罗红霉素、替米考星、喹诺酮类	疗效增强
		硫酸阿托品、先锋霉素Ⅰ、新霉素、庆大霉素	毒性增强
四环素类	盐酸多西环素	同类药物及泰乐菌素、泰妙菌素、甲氧苄啶	增强疗效、减少使用量
	多西环素	氨茶碱	分解失效
	金霉素	三价阳离子	形成不溶性难以吸收络合物
氯霉素类	氟苯尼考	新霉素、盐酸多西环素、硫酸黏杆菌素	疗效增强
		氨苄西林钠、头孢拉啶、头孢氨苄	疗效降低
		卡那霉素、喹诺酮类、磺胺类、呋喃类、链霉素	毒性增强
		叶酸、维生素 B_{12}	抑制细胞生长
喹诺柄类	诺氟沙星	头孢类、氨苄西林、链霉素、新霉素、庆大霉素、磺胺类	疗效增强
	环丙沙星	四环素、盐酸多西环素、氟苯尼考、呋喃类、罗红霉素	疗效降低
	恩诺沙星	氨茶碱	析出沉淀
		金属阳离子(钙、镁、铁、铝)	形成不溶性难以吸收络合物
茶碱类	氨茶碱	维生素C、盐酸多西环素、盐酸肾上腺素等酸性药物	浑浊分解失效
		喹诺酮类	疗效降低

续附表 1

类　别	药　物	配伍药物	结　果
磺胺类	磺胺喹啉钠	TMP、新霉素、庆大霉素、卡那霉素	疗效增强
	磺胺甲噁唑	氟苯尼考、罗红霉素	毒性增强
林可胺类	盐酸林可霉素	甲硝唑	疗效增强
		罗红霉素、替米考星	降低疗效
		磺胺类、氨茶碱	浑浊失效

附表 2 兔的主要生理指标

指　标	范　围	平　均
体　温	38.2℃～39.5℃	38.5℃
呼　吸	38～60 次/分	50 次/分
脉　数	123～304 次/分	205 次/分
血　压	7.87～15.87 千帕	11.91 千帕
饮水量	60～140 毫升/千克体重	300 毫升/千克体重
饲　料	28.4～85.1 克/千克体重	180 克/千克体重
排便量	14.2～50.7 克/千克体重	
排尿量	40～100 毫升/千克体重	
一次灌胃量	<100 毫升/2.4 千克体重	

金盾版图书，科学实用，
通俗易懂，物美价廉，欢迎选购

播种机械作业手培训教材	10.00	（北方本）	10.00
收割机械作业手培训教材	11.00	油菜植保员培训教材	10.00
玉米农艺工培训教材	10.00	油菜农艺工培训教材	9.00
玉米植保员培训教材	9.00	蔬菜贮运工培训教材	8.00
小麦植保员培训教材	9.00	果品贮运工培训教材	8.00
小麦农艺工培训教材	8.00	果树植保员培训教材	
棉花农艺工培训教材	10.00	（北方本）	9.00
棉花植保员培训教材	8.00	果树植保员培训教材	
大豆农艺工培训教材	9.00	（南方本）	11.00
大豆植保员培训教材	8.00	果树育苗工培训教材	10.00
水稻植保员培训教材	10.00	苹果园艺工培训教材	10.00
水稻农艺工培训教材		枣园艺工培训教材	8.00
（北方本）	12.00	核桃园艺工培训教材	9.00
水稻农艺工培训教材		板栗园艺工培训教材	9.00
（南方本）	9.00	樱桃园艺工培训教材	9.00
绿叶菜类蔬菜园艺工培训		葡萄园艺工培训教材	11.00
教材（北方本）	9.00	西瓜园艺工培训教材	9.00
绿叶菜类蔬菜园艺工培训		甜瓜园艺工培训教材	9.00
教材（南方本）	8.00	桃园艺工培训教材	10.00
瓜类蔬菜园艺工培训教材		猕猴桃园艺工培训教材	9.00
（南方本）	7.00	草莓园艺工培训教材	10.00
瓜类蔬菜园艺工培训教材		柑橘园艺工培训教材	9.00
（北方本）	10.00	食用菌园艺工培训教材	9.00
茄果类蔬菜园艺工培训教		食用菌保鲜加工员培训教	
材（南方本）	10.00	材	8.00
茄果类蔬菜园艺工培训教		食用菌制种工培训教材	9.00
材（北方本）	9.00	桑园艺工培训教材	9.00
豆类蔬菜园艺工培训教材		茶树植保员培训教材	9.00
（北方本）	10.00	茶园园艺工培训教材	9.00
豆类蔬菜园艺工培训教材		茶厂制茶工培训教材	10.00
（南方本）	9.00	园林绿化工培训教材	10.00
蔬菜植保员培训教材		园林育苗工培训教材	9.00
（南方本）	10.00	园林养护工培训教材	10.00
蔬菜植保员培训教材		草本花卉工培训教材	9.00

以上图书由全国各地新华书店经销。凡向本社邮购图书或音像制品,可通过邮局汇款,在汇单"附言"栏填写所购书目,邮购图书均可享受 9 折优惠。购书 30 元(按打折后实款计算)以上的免收邮挂费,购书不足 30 元的按邮局资费标准收取 3 元挂号费,邮寄费由我社承担。邮购地址:北京市丰台区晓月中路 29 号,邮政编码:100072,联系人:金友,电话:(010)83210681、83210682、83219215、83219217(传真)。